秦統一六國之戰、英法百年戰爭、拉丁美洲獨立戰爭……
古今東西方歷史性衝突與變革史詩

權力 與 衝突

世界戰爭中
血與火的歷史

林之滿，蕭楓 主編

橫跨古今，全景式展現歷史上的關鍵戰爭
以戰爭為鏡，反思未來和平的可能性

從涿鹿之戰到拉丁美洲獨立
每場衝突，權力與人性在歷史中的角色

目錄

目錄

目錄

作者序言

當我開始撰寫本書時，我的初衷是探索和理解人類歷史上那些決定性的戰爭如何塑造了今天的世界。這本書的靈感來源於我對歷史的深厚興趣，特別是對於戰爭這一人類活動如何反映出我們種族最深層次的動機和衝突的好奇。戰爭，作為人類歷史的一部分，不僅是力量衝突的展現，更是文化、政治、和社會變遷的催化劑。

本書從古代的涿鹿之戰講起，這是一場中國歷史上的重要戰役，象徵著中華民族早期的融合和統一。我希望透過描繪這些古老的戰爭，讓讀者感受到歷史的深度和複雜性。當我研究這些事件時，我發現，無論是在遠古還是近現代，戰爭總是圍繞著權力和衝突展開，無論是國與國之間、還是內部的社會階層之爭。

在書中，我特別關注了如何從這些衝突中理解人類的共同特徵，包括我們對權力的渴望、對自由的追求、以及在極端情況下的道德和倫理選擇。從古埃及與西臺的和約到英法百年戰爭的激烈對抗，每一場戰爭都有其獨特的背景和影響，它們共同編織了一幅錯綜複雜的歷史畫卷。

在撰寫過程中，我深感戰爭的殘酷和對人類社會的影響。特別是當我寫到近代的戰爭，如美墨戰爭和克里米亞戰爭時，我更加深刻地意識到戰爭對於個人命運和國家命運的重大影

作者序言

響。這些戰爭不僅改變了地圖上的國界，更深刻地塑造了人們的思想和文化。

本書的目的不僅是回顧這些歷史事件，更重要的是提供一個視角，讓我們能夠從過去學習，思考未來。我希望讀者透過本書，不僅了解到這些戰爭的歷史事實，更能夠感受到其中的人性光輝與黑暗，以及這些事件對當代社會的深遠影響。

最後，我希望這本書能夠激發讀者對歷史的興趣，並引起對現今世界和平與和諧的深刻反思。在書中，我們見證了無數次由於利益、信仰和權力爭奪引發的衝突，但同時也見證了人類對和平、正義和自由的不懈追求。這些歷史故事告訴我們，戰爭雖然是人類歷史不可避免的一部分，但和平與共處的價值也同樣深植於我們的心中。

在寫作的最後階段，我越來越意識到，歷史不僅是過去的記錄，更是對未來的指引。每一場戰爭，無論是勝利還是失敗，都為我們提供了寶貴的教訓。這些教訓有助於我們更容易理解當前的國際關係，並為建設一個更加和平穩定的世界提供參考。

我衷心希望，這本書能成為讀者了解歷史、思考當下、展望未來的一個窗口。讓我們從歷史中吸取智慧，用以指導我們的未來，共同創造一個充滿和平與希望的世界。

感謝每一位讀者的陪伴，希望你們在這本書中找到值得思考和學習的知識，並與我一起在這段歷史的旅程中尋找和平的意義。

涿鹿的曙光：
中華民族的起源

　　涿鹿之戰，指的是距今約 4600 餘年前，中國古代黃帝部族
聯合炎帝部族，與東夷集團中的蚩尤部族在今河北省涿縣一帶
所進行的一場大戰。「戰爭」的目的，是雙方為了爭奪適於牧放
和淺耕的中原地帶。它也是我國歷史上見於記載的最早的「戰
爭」，對於古代華夏族由野蠻時代向文明時代的轉變產生過重大
的影響。

　　戰爭是一種社會政治現象，它本身也隨著社會文明的演進
而經歷了從無到有、從幼稚到逐漸成熟的發展階段。早在原始
社會中晚期，各個氏族部落之間就發生了基於擴大自己的生存
空間、實行血親復仇目的的武裝衝突。由於這類衝突尚不是以
掠奪生產資料和從事階級奴役為宗旨，所以它們並不是科學意
義上的戰爭，而僅僅是戰爭的萌芽。但為了敘述的方便，我們
還是將其通稱為「戰爭」。傳說中的神農伐斧燧、黃帝與炎帝的
阪泉之戰、黃帝伐蚩尤的涿鹿之戰，共工與顓頊之間的戰爭，
就是這類「戰爭」的歷史遺痕。其中尤以涿鹿之戰為其最具典型
意義者。

　　原始社會中晚期，在當時廣袤的地域內逐漸形成了華夏、
東夷、苗蠻三大集團。其中華夏集團以黃帝、炎帝兩大部族為

核心。它們分別興起於今關中平原、山西西南部和河南西部。
與此同時，興起於黃河下游的今冀、魯、豫、蘇、皖交界地區
的九夷部落（東夷集團的一支），也在其著名領袖蚩尤的領導
下，以今山東為根據地，由東向西方向發展，開始進入華北大
平原。這樣華夏集團與東夷集團之間的一場武裝衝突也就不可
避免了。涿鹿之戰正是在這種歷史背景下爆發的。

據說蚩尤族善於製作兵器，其銅製兵器精良堅利，且部眾
勇猛剽悍，生性善戰，擅長角鬥，進入華北地區後，首先與
炎帝部族發生了正面衝突。蚩尤族聯合巨人夸父部族和三苗
一部，用武力擊敗了炎帝族，並進而占據了炎帝族居住的「九
隅」，即「九州」。炎帝族為了維持生存，遂向同集團的黃帝族
求援。

黃帝族為了維護華夏集團的整體利益，就答應炎帝族的請
求，將勢力推向東方。這樣，便與正順勢向西北推進的蚩尤族
在涿鹿地區相遭遇了。當時蚩尤族集結了所屬的 81 個支族（一
說 72 族），在力量上占據某種優勢，所以，雙方接觸後，蚩
尤族便倚仗人多勢眾、武器優良等條件，主動向黃帝族發起攻
擊。黃帝族則率領以熊、羆、狼、豹、雕、龍、鶚等為圖騰的
氏族，迎戰蚩尤族，並讓「應龍高水」，即利用位處上流的條
件，在河流上築土壩蓄水，以阻擋蚩尤族的進攻。

「戰爭」爆發後，適逢濃霧和大風暴雨天氣，這很適合來
自東方多雨環境的蚩尤族展開軍事行動。所以在初戰階段，適

合於晴天氣環境作戰的黃帝族處境並不有利，曾經九戰而九敗（九是虛數，形容次數之多）。然而，不多久，雨季過去，天氣放晴，這就給黃帝族轉敗為勝提供了重要契機。黃帝族把握戰機，在玄女族的支援下，乘勢向蚩尤族發動反擊。其利用特殊有利的天候──狂風大作，塵沙漫天，吹號角，擊鼙鼓，乘蚩尤族部眾迷亂、震懾之際，以指南車指示方向，驅眾向蚩尤族進攻，終於一舉擊敗敵人，並在冀州之野（即冀州，今河北地區）擒殺其首領蚩尤。涿鹿之戰就這樣以黃帝族的勝利而宣告結束。戰後，黃帝族乘勝東進，一直進抵泰山附近，在那裡舉行「封泰山」儀式後方才凱旋西歸。

　　這場「戰爭」的大致經過情況是由神話傳說所透露的，因此更具體的細節已無從考察了。但是神話畢竟是歷史的投影，曲折地反映了事實的本身。從這個意義上說，涿鹿之戰堪稱為中國古代戰爭的濫觴。涿鹿之戰中，黃帝族之所以取得最後勝利，在於其戰爭指導比蚩尤族要來得高明。具體而言，即其已開始注意從政治和軍事兩方面作好戰爭準備，史稱「軒轅氏乃修德振兵」，就是證明。在戰爭過程中，黃帝族還善於爭取同盟者，並能注意選擇和準備戰場，巧妙利用有利於己不利於敵的天候條件，果斷及時進行反擊，從而一舉擊敗強勁的對手，建立自己對中原地區的控制。相反，蚩尤族方面儘管兵力雄厚，兵器裝備優於對手，但由於一味迷信武力，連年對外擴張，「好戰必亡」，已預先埋下了失敗的種子。在作戰指導上，又缺乏

對氣候條件的應變能力，缺乏對黃帝族的大規模反擊的抵禦準備，因而最終遭致敗績，喪失了控制中原地區的歷史性機遇。

涿鹿之戰的結果，有力地奠定了華夏集團據有廣大中原地區的基礎，並起到了進一步融合各氏族部落的催化作用。取得這場戰爭勝利的部族首領黃帝從此成為中華民族的共同祖先，並被逐步神化。由此可見，涿鹿之戰的確為我們中華民族在發軔時期決定日後基本面貌的歷史性「戰爭」。

卡迭石之盟：
古代外交的搖籃

西元前 14 世紀末葉至前 13 世紀中葉，古代埃及與西臺王國為爭奪敘利亞地區的控制權展開了延續數十年的戰爭。這場戰爭中的關鍵性戰役卡迭石之戰是古代軍事史上有文字記載的最早的會戰之一，戰後締結的和約是歷史上保留至今最早的有文字記載的國際軍事條約文書。

古代敘利亞地區位於亞非歐三大洲結合部，是古代海陸商隊貿易樞紐，歷來為列強必爭之地。

早在西元前第 3000 紀，埃及就多次發動對敘利亞地區的征服戰爭，力圖建立和鞏固在敘利亞地區的霸權。但埃及建立霸權的努力遇到了埃及強鄰西臺王國的有力挑戰。約西元前 14 世紀，當埃及忙於宗教改革無暇他顧時，西臺王國迅速崛起，在其雄才大略的國王蘇皮盧利烏馬斯的率領下，積極向敘利亞推進，逐步控制了甫至大馬士革的整個敘利亞地區，沉重打擊了埃及在這個地區的既得利益。約前 1290 年，埃及第 19 王朝法老拉美西斯二世即位（約前 1290 － 前 1224 年在位），決心重整旗鼓，與西臺王國一爭高下，恢復埃及在敘利亞地區的統治地位。為此，拉美西斯厲兵秣馬，擴軍備戰，組建了普塔赫軍團，連同原有的阿蒙軍團、賴軍團和塞特軍團，加上努比亞

人、沙爾丹人等組成的僱傭軍，共擁有 4 個軍團，2 萬餘人的兵力。西元前 1286 年（即拉美西斯二世即位後的第 4 年），埃及首先出兵占領了南敘利亞的別里特（今貝魯特）和比布魯斯。次年（前 1285 年）4 月末，拉美西斯二世御駕親征，率 4 個軍團從三角洲東部的嘉魯要塞出發，沿裡達尼河谷和奧倫特河谷揮師北上，經過近一個月的行軍，進至卡迭石地區，於卡迭石以南約 15 英里處的高地宿營。位於奧倫特河上游西岸的卡迭石，河水湍急，峭壁聳立，地勢險要，是連結南北敘利亞的咽喉要道，也是西臺王國軍隊的軍事重鎮和戰略要地。埃軍試圖首先攻克卡迭石，控制北進的咽喉，爾後再向北推進，恢復對整個敘利亞的統治。

就在埃及舉兵北上之際，一場緊鑼密鼓的備戰活動也在西臺王國全面展開。拉美西斯二世還未啟程，西臺王國即從派往埃及的間諜那裡獲悉了埃及即將出兵遠征的秘密情報。西臺王國王穆瓦塔爾召開王室會議，制定了以卡迭石為中心，扼守要點，以逸待勞，誘敵深入，粉碎埃軍北進企圖的作戰計劃。為此，西臺王國集結了包括 2500 － 3500 輛雙馬戰車（每輛戰車配備馭手 1 人，士兵 2 人）在內的 2 萬餘人的兵力，隱蔽配置於卡迭石城堡內外，擬誘敵進入伏擊圈後，將其一舉殲滅。

拉美西斯二世率軍在卡迭石附近高地駐宿一夜後，於次日清晨指揮主力部隊向卡迭石進擊，意欲在黃昏之前攻下該堡。拉美西斯二世率阿蒙軍團衝鋒在前，賴軍團、普塔赫軍團居後

跟進，塞特軍團由於行動遲緩，尚滯留在阿穆路地區，一時難以到達戰場。當阿蒙軍團進至卡迭石以南8英里的薩布吐納渡口時，截獲兩名西臺王國軍隊的「逃亡者」，這兩名實為西臺王國「死間」的貝都因游牧人謊報西臺王國主力尚遠在卡迭石以北百里之外的哈爾帕，並佯稱卡迭石守軍士氣低落，力量薄弱，畏懼埃軍，特別是敘利亞王侯久有歸順埃及之意。拉美西斯二世信以為真，立即指揮阿蒙軍團從薩布吐納渡口跨過奧倫特河，孤軍深入，直抵卡迭石城下。穆瓦塔爾聞訊迅即將西臺王國主力秘密轉移至奧倫特河東岸，構成包圍圈，將埃軍團團圍住。拉美西斯二世從剛剛捕獲的西臺王國俘虜口中始知中計，立即派急使催促賴軍團和普塔赫軍團緊急來援。當賴軍團到達卡迭石以南的叢林時，早已設伏於此的西臺王國戰車出其不意地攻其側翼，賴軍團損失慘重。接著，西臺王國軍隊以2500輛戰車向埃軍阿蒙軍團發起猛烈攻擊，埃軍士兵一觸即潰，四散逃命，陷入重圍之中的拉美西斯二世在侍衛的掩護下，左突右擋，奮力抵抗，並祈求阿蒙神的庇佑，還將護身的戰獅放出來「保駕」。在此危急時刻，埃軍北上遠征時曾留在阿穆路南部的一支部隊趕到。這支援軍呈三線配置：一線以戰車為主，輕步兵掩護；二線為步兵；三線步兵和戰車各半。他們突然出現於西臺王國軍隊側後，對西臺王國軍猛攻，把拉美西斯二世從危局中解救了出來。埃軍連續發動6次衝鋒，將大量赫軍戰車趕入河中。西臺王國王也增派戰車投入戰場，猛衝埃及中軍，並

令 8000 名要塞守軍短促出擊，予以配合，戰鬥十分激烈。黃昏時分，埃及普塔赫軍團先頭部隊趕到，加入戰鬥。入夜，西臺王國軍退守要塞，戰鬥結束，雙方勢均力敵，勝負未分。

此後的 16 年中，戰爭延綿不斷，但規模都比較小。拉美西斯二世吸取卡迭石之戰輕敵冒進的教訓，改取穩進戰略，一度回到奧倫特河，但西臺王國採取固守城堡，力避會戰的策略，雙方均未能取得決定性勝利。

長期的戰爭消耗，使雙方無力再戰。約於西元前 1269 年，由繼承自己兄長穆瓦塔爾王位的西臺王國國王哈吐什爾（約前 1275 －前 1250 年在位）提議，經拉美西斯二世同意，雙方締結和平條約。哈吐什爾把寫在銀板上的和議草案寄送埃及，拉美西斯二世以此為基礎擬定了自己的草案，寄給西臺王國國王。條約全文以象形文字被銘刻在埃及卡納克和拉美西烏姆（底比斯）寺廟的牆壁上。它是譯自原稿的副本，原稿可能是用西臺王國語和當時國際通用的巴比倫楔形文字書寫的，在西臺王國首都哈吐沙什的檔案庫中發現有用巴比倫楔形文字書寫的泥版複本。條約規定：雙方實現永久和平，「永遠不再發生敵對」，永遠保持「美好的和平和美好的兄弟關係」；雙方實行軍事互助，共同防禦任何入侵之敵；雙方承諾不得接納對方的逃亡者，並有引渡逃亡者的義務。條約簽訂後，西臺王國王以長女嫁給拉美西斯二世為妻，透過政治聯姻，進一步鞏固雙方的同盟關係。

埃及與西臺王國的爭霸戰爭，是古代中近東歷史上的重要

事件。拉美西斯二世是古代埃及軍事帝國最後一個強有力的法老，當時的西臺王國也處於其鼎盛時期。雙方長達數十年的軍事較量，使雙方的實力都受到嚴重削弱。埃及並未達到恢復亞洲屬土的目的，拉美西斯二世的後繼者日益面臨內外交困的局面。從愛琴海的小亞細亞一帶席捲而來的「海上民族」的遷徙浪潮，與利比亞部落的入侵相呼應，日益動搖法老的統治，曾經一度強盛的新王國逐步陷入瓦解之中。西臺王國雖然占有敘利亞大部，一度雄視西亞。但與埃及戰爭後，本來就不甚穩定的經濟基礎進一步動搖，不久即開始衰落。到西元前 13 世紀末，「海上民族」從博斯普魯斯海峽侵入西臺王國，小亞細亞和敘利亞各臣屬國家紛起反抗，西臺王國國家迅即崩潰。至西元前 8 世紀，完全為亞述所滅。

亞述帝國：
征服與信仰的交織

在西元前 8 —前 7 世紀，亞述是阿拉伯強大帝國，曾發動了一系列擴張性戰爭。亞述人把這種戰爭看作是「神」的旨意，「神聖」的事業。亞述戰爭就是這「神聖」事業的突出表現。

古老的亞述，主要在今伊拉克境內的美索不達米亞地區，位於底格里斯河和幼發拉底河流域北部，東北靠扎格羅斯山，東南以小扎布河為界，西臨敘利亞草原。整個亞述是以亞述城（底格里斯河西岸）為中心的，是古代西亞交通貿易中心。亞述最早的居民是胡裡特人，後來有塞姆人移入，與胡裡特人逐漸融合，成為亞述人。

由於亞述處於特殊的被異族包圍的地理環境，經常受到敵對民族進攻的威脅，加之國土、資源又非常有限，使亞述人養成了好戰的習性。他們對土地貪得無厭，並且，征服越多就越感到征服之必需，相信只有對外不斷地征服，才能保住其已經獲得的一切。每一次征服的成功都刺激著其野心，使黷武主義的鏈條拴得更牢。亞述那西爾帕二世（前 883 —前 859 年）曾攻占敘利亞，擴張領土到卡爾赫米什附近，兵臨腓尼基海岸。其後繼者薩爾瑪那薩爾三世（前 859 —前 824 年）在位 35 年，發動了 32 次的遠征，兩河流域北部和敘利亞地區的許多小國大都

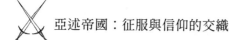
被征服，西元前 8 世紀下半期，擴張的規模遠遠超過了以往，終於形成龐大的軍事帝國。

西元前 8 世紀後，鐵器普遍使用，成了亞述統治者對外實行軍事擴張的重要手段。統治者把國家建成了一個龐大的軍事機器，常備軍的規模大大超過了近東任何其他民族。其軍隊包括戰車兵、騎兵、重灌和輕裝步兵、攻城部隊、輜重隊，甚至還包括工兵，是一個具有較高水平的合成軍隊。軍隊裝備精良，士兵都身穿鎧甲，有盾牌和頭盔防護，以弓箭、短劍和長槍為武器，攻城時還使用特製的撞城槌。

先進的軍事裝備，為亞述統治者發動對外擴張戰爭提供了有力的工具。西元前 744 年，亞述王進軍東北，征服了烏拉爾圖的同盟者米底各部落。次年，又西征烏拉爾圖的北敘利亞各同盟國獲勝，俘敵 7 萬餘人，烏拉爾圖王敗逃。西元前 742 年，亞述軍再次西征敘利亞，圍攻阿爾帕德城，歷時 3 年終於取勝。西元前 739 年，敘利亞、巴勒斯坦、腓尼基及阿拉伯等地區 19 國聯合反抗亞述。亞述大軍在黎巴嫩山區與之會戰，又獲勝利，各國降服。西元前 732 年，亞述軍攻下反叛的大馬士革，大肆屠殺，並在此設定亞述行省。西元前 714 年，薩爾貢二世奔襲烏拉爾圖腹地，最後攻占其宗教中心穆薩西爾，掠獲大批金銀財寶。至此，烏拉爾圖銳氣盡挫，無力再與亞述抗衡。為了爭奪兩河流域的霸權，亞述的一個重要目標是南鄰巴比倫。西元前 688 年，亞述軍攻陷並摧毀巴比倫城，俘迦勒底王，從

此巴比倫被亞述控制達數十年。

　亞述占據敘利亞後，埃及便喪失其在這一地區的優勢，因此它極力鼓動和支援敘利亞境內各小國反叛亞述。為征服埃及，約西元前 671 年，亞述王阿薩哈東率軍越過西奈半島侵入埃及，攻克下埃及舊都孟菲斯，上埃及各地王公亦表臣服。約西元前 663 年，又揮師南下，一度攻陷底比斯。埃及人為擺脫亞述統治而進行的戰爭從未間斷，約西元前 651 年，埃及法老普桑麥提克終於徹底驅逐亞述占領軍。

　埃蘭古國位於今伊朗西南部的胡齊斯坦。西元前 7 世紀它成為一軍事強國。為了爭奪巴比倫這一戰略要地，亞述與埃蘭戰事迭起。西元前 652 年起，亞述王率軍苦戰 3 年，終於擊敗了巴比倫和埃蘭等軍隊。西元前 648 年，巴比倫城被攻陷，巴比倫王自焚而死。隨後，身披甲冑的亞述騎兵進攻並打垮阿拉伯駱駝兵，降服了阿拉伯。西元前 642 —前 639 年，亞述對埃蘭發起強大攻勢，蹂躪埃蘭各地，最後攻入蘇薩，洗劫了全城。此後，埃蘭淪為亞述屬地。

　亞述統治者的侵略戰爭是以極度兇殘為特色的。軍事所至，廬舍為墟，居民幾乎全被屠戮。如在亞述那西爾帕二世所征服的土地上，男子被殺或淪為奴隸者約占三分之一，兒童則幾乎無一子遺；財富也全被劫走，即使有殘餘居民，亦凍餓而死。亞述的野蠻征服造成了赤地千里、慘絕人寰的景象。從提格拉特帕拉沙爾三世起，屠殺的兇焰稍稍收斂，但被征服居民

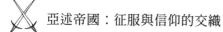

仍差不多全被劫走，遷移到距亞述較近的地區，迫使墾植。

　　亞述軍事帝國的殘暴征服和對社會生產力的破壞，以及它所採取的高壓統治政策，給各地人民帶來沉重的災難，也激起被征服者的不斷反抗。西元前 7 世紀後期，亞述帝國的經濟力量已被多年的戰爭消耗殆盡，其軍事威力也已成強弩之末。此時，米底人和迦勒底人正結成新的軍事同盟。西元前 614 年，米底軍隊乘亞述軍隊在外作戰內部空虛之機，攻陷千年古都亞述城。西元前 612 年，迦勒底和米底聯軍又攻陷帝國首都尼尼微（「獅穴」），亞述王自焚於宮中，亞述帝國滅亡。亞述國土全被併吞，民眾悉被奴役或消滅，以致後來關於亞述的歷史竟然難尋蹤跡。指望軍事強盛帶來的權力和安全，到頭來卻成了笑料。黷武主義曾贏得了輝煌，但最終卻是遺恨千古的悲哀，以戰爭而稱霸，還以戰爭而使自身滅亡。

　　亞述對外擴張中之所以取得一系列勝利，主要在於其有一套較為完備的軍事組織和先進的技術。如其使用的撞城車，車頭上裝有巨大金屬撞角，車體設有保護層，車內配操縱人員。亞述的軍事技術和傳統，對後來的強國（包括波斯和羅馬）有著深遠的影響。

　　古亞述在人類漫長的歷史長河中只不過是一個曇花一現的軍事強國，但其軍事在中東的影響是相當長遠的、強烈的。一是黷武精神得到了廣泛的傳播，深深地烙在了中東人的意識之中。亞述及後來的中東廣大地區都信仰宗教，當時的亞述把發

動戰爭稱是戰神的旨意，視戰神為最高神 —— 亞述神。並把戰爭與宗教緊密結合在一起，人們視戰爭為最神聖的事業、最光榮的職責；而如果淡漠戰事，無異於是對神的褻瀆。這樣，無論是正義還是非正義戰爭，都披上了神的外衣，都被認為是天經地義的事。二是凡具有遺傳性的藝術、文學作品都以反映戰爭為主要內容，並以此來影響後代。如歷代國王都在宮牆、碑柱上記載自己統治時期的事蹟，構成完整的年代記，其內容多是誇耀殺人略地的「功績」。在王宮、寺廟等大型建築內外都有浮雕裝飾，這些浮雕大都描繪戰爭、俘虜、狩獵等景象。三是亞述的戰爭所帶來的巨大利益，深深地刺激了後來的國家（包括波斯和羅馬等），其征服行為為後來者效仿。早期的亞述只有在底格里斯河上游亞述高原上一小塊地盤，而後來透過擴張，「版圖幾乎包括了當時的整個文明世界，敘利亞、腓尼基、以色列王國和埃及相繼成為亞述軍事威力的犧牲品，這不能不對後來國家產生重大影響。四是不斷強化戰爭機器，成為後來許多國家謀求強大的基本國政。研製先進的武器裝備和組織與之相適應的軍隊是亞述奪取一系列戰爭勝利、獲取霸權的主要原因。這對中東國家乃至世界的影響是極為深遠的。」

亞述帝國：征服與信仰的交織

馬拉松的回音：
希臘對抗波斯

　　人類文明古國之一希臘，戰爭多少個世紀連續不斷。西元前 492 年開始，這裡爆發了世界歷史上第一次歐亞兩洲大規模國際戰爭 —— 希臘、波斯戰爭。這場戰爭前後持續了將近半個世紀，結果是希臘城邦國家和制度得以倖存下來，而波斯帝國卻一蹶不振。

　　古希臘，由於地形的限制，許多城邦被山脈分隔著，中間只有極少量的陸上交通，所以每一個城邦小國都以「天下」自居。城牆內是朋友，而在城牆外就到處是敵人。因此在希臘本部、愛琴海的海岸和各島嶼上，一共興起了幾百個城市國家。其中雅典、斯巴達這兩個城邦發展較為迅速和強大。

　　隨著各城邦人口的增多，希臘人開始向沿海地區移民和殖民。同時，由於本邦糧食生產有限，奪取敵人的莊稼就成了經常性的作戰目標。因此，各城邦國家經常發生戰爭。在斯巴達，男人們都不在家居住，只在營房裡準備打仗。每年一次，把男孩們殘酷地加以鞭撻，以考驗他們忍受痛楚的能力；女孩們必須受嚴格的體育訓練，希望她們能把較強的體力遺傳給她們的兒女，以便將來守衛城堡。

　　波斯是古代西亞一個奴隸制國家，它是透過征服而發展起

來的大帝國。到大流士統治時期（前 522 －前 486 年），波斯已成為世界古代史上第一個橫跨歐、亞、非三洲的大帝國。波斯軍隊的主要成分是騎兵和弓箭手，有若干個擁有 1 萬人的師團。西元前 6 世紀中葉，波斯帝國侵占小亞細亞西部沿岸希臘人建立的各城邦。西元前 513 年，國王大流士一世進一步控制了黑海海峽和色雷斯一帶，直接威脅到希臘半島諸城邦的安全與利益。西元前 500 年，小亞細亞的希臘城邦米利都爆發反波斯起義，雅典等城邦相助。波斯帝國派重兵於西元前 494 年將起義鎮壓下去，米利都城被毀，同米利都一道舉兵起義的一些希臘城邦也遭殘酷洗劫。波斯帝國早有西侵野心，於是藉口雅典和埃雷特里亞曾援助米利都，於西元前 492 年夏，發動了對希臘的戰爭。

大流士一世派馬多牛斯率陸、海大軍，渡過赫勒斯滂海峽（今日達達尼爾海峽）沿色雷斯海岸向希臘推進，但其艦船在阿託斯海角遭颶風大部分覆滅，陸上也受到色雷斯人的襲擊，被迫撤退。西元前 490 年春，大流士一世派達提斯和阿塔非尼斯率軍約 5 萬（包括近 400 艘戰船）第二次遠征希臘。首先攻占並破壞了埃雷特里亞城，繼而南進，在距雅典城東北約 40 公里的馬拉松平原登陸。面對強敵，雅典政府一面緊急動員全體雅典公民赴馬拉松應戰；一面派遣長跑健將菲迪皮德斯星夜奔往斯巴達求援。他在兩天內跑了 150 公里，於 9 月 9 日到達斯巴達。斯巴達人雖然同意出兵，但聲稱只有等待月亮圓了才能出兵援

助。這樣，反波斯入侵的任務就完全落在雅典身上。9月12日晨，馬拉松會戰開始。希臘步兵占據有利地形，主力分置於兩翼，趁波斯軍大部分騎兵尚未趕到會戰地點，傺做正面進攻。波斯軍依仗兵力優勢，取中央突破戰術。希臘中軍且戰且退，波斯軍步步進逼，希臘軍突然發起兩翼攻擊，其長槍密集方陣攻勢凌厲，波斯軍抵擋不住，倉皇後撤。希臘軍乘勝追擊，波斯軍潰敗，退至海上回國。此役，希臘軍殲敵 6400 人，繳獲一批艦船，自身損失不足 200 人。馬拉松會戰成為古代戰爭史上以少勝多的範例之一。雅典人獲勝後，又立即派菲迪皮德斯從馬拉松奔回雅典去報喜。他一下子跑了 42 公里又 195 米，到達雅典城時，已經精疲力竭，只喊了聲「高興吧，我們勝利了！」就倒地而死。後世為了紀念馬拉松戰役和菲迪皮德斯，就舉行同樣距離的長跑競賽，並定名為馬拉松長跑。

此後 10 年間，雙方緊張備戰。波斯徵集大量兵員物資，建造大批艦船，架設浮橋，開鑿運河。希臘方面，雅典政府建造 100 多艘三層槳戰船，擴建各項防禦工事，並加強海軍訓練，30 多個城邦結成軍事同盟，推舉擁有強大陸軍的斯巴達為盟主，隨時準備抗擊波斯入侵。

西元前 480 年春，大流士一世的繼承者薛西斯一世出動約 25 萬人、1000 艘戰船大舉遠征希臘。波斯軍分水陸兩路，沿色雷斯西進，占領北希臘，迫使一些城邦投降，攻克希臘中部溫泉關之後，繼而向中希臘進軍。陸軍進占雅典城，大肆破壞劫

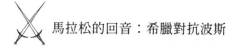

掠。其海軍繞過阿提卡半島南端的蘇尼翁角，進入狹窄的薩拉米斯海峽。9月下旬，薩拉米斯海戰開始，波斯艦隊在數量上占絕對優勢，呈圍攻態勢。希臘艦隊隱藏在艾加萊奧斯山後，編成兩線戰鬥隊形，勇敢地發起攻擊。希臘戰船船體小，運動自如，能夠靈活地襲擊敵艦。船體碩大的波斯戰船戰術失靈，陷於被動捱打的境地，甚至自相碰撞而沉沒。波斯海軍遭受重大損失，親征希臘的薛西斯一世深恐後路被切斷，倉皇敗逃回國。其陸軍退至北希臘。西元前479年8月中旬，希波雙方陸軍在布拉底附近舉行決定性會戰。斯巴達統帥包桑尼率領希臘聯軍約10萬人，重創占有明顯優勢的波斯陸軍，波斯人的第三次遠征以失敗告終。

波斯遠征希臘失敗，加之帝國內部矛盾重重，被迫退居守勢。以雅典為首的希臘則逐漸轉入進攻，並乘機擴張海上勢力，建立雅典在愛琴海域的霸權。西元前478年，雅典艦隊占領赫勒斯滂海峽北岸的重鎮塞斯托斯，從而控制了通向黑海的要道。同年（一說前477年），雅典聯合一批希臘城邦組成海上同盟，奪取色雷斯沿岸地區、愛琴海上許多島嶼和戰略要地拜占庭。西元前449年，希臘海軍在塞普勒斯島東岸的薩拉米斯城附近重創波斯軍，至此雙方同意媾和。雅典派全權代表卡里阿斯赴波斯首都蘇薩談判並簽訂了《卡里阿斯和約》。和約規定：波斯放棄對愛琴海及赫勒斯滂和博斯普魯斯海峽（黑海出口）的控制，承認小亞細亞西岸希臘諸城邦的獨立地位。希波戰爭至此結束。

希波戰爭是亞洲與歐洲之間的一場規模大、時間長的戰爭。結果使希臘獲得了自由、獨立與和平，雅典一躍上升為愛琴海地區的霸主，控制了通往黑海的要道，奪取了愛琴海沿岸包括拜占庭在內的大量戰略要地。希臘在愛琴海上稱霸，對沿岸國家進行掠奪，獲得了巨大利益。「人們似乎都一致被喚醒了」，他們紛紛效仿希臘雅典，大造艦艇和商業船，積極發展海上力量，爭奪海上霸權，向海岸國家傾銷商品、開闢市場、攫取經濟利益。英國富勒在《西洋世界軍事史》中說：「隨著這一戰，我們也就站在了西方世界的門檻上面，在這個世界之內，希臘人的智慧為後來的諸國，奠定了立國的基礎。在歷史上，再沒有比這兩個會戰更偉大的，它們好像是兩根擎天柱，負起支援整個西方歷史的責任。」

　　軍事學術在希波戰爭中得到了很大發展。希臘在戰略上正確確定戰爭每個階段的決定性地段和主要突擊方向，根據戰局和力量對比決定戰爭方法，以及在戰爭中首創方陣這一著名戰鬥隊形，對西歐軍事產生了深刻的影響。

馬拉松的回音：希臘對抗波斯

長平之戰：
秦帝國的崛起

　　長平之戰發生於西元前 260 年，是秦、趙之間的一次戰略決戰。在戰爭中，秦軍貫徹正確的戰略指導，採用靈活多變的戰術，一舉殲滅趙軍 45 萬人，開創了我國歷史上最早、規模最大的包圍殲敵戰先例。

　　秦國自孝公任用商鞅實行變法以來，制定正確的富秦戰略：獎勵耕戰，富國強兵，國勢如日中天；連橫破縱，遠交近攻，外交連連得手；旌旗麾指，鐵騎馳騁，軍事勝利捷報頻傳。100 餘年中，蠶食緩進，重創急攻，破三晉，敗強楚，弱東齊，構成了對山東六國的戰略進攻態勢。在秦國的咄咄兵鋒面前，韓、魏屈意奉承，南楚自顧不暇，東齊力有不逮，北燕無足輕重。只有趙國自西元前 302 年趙武靈王進行「胡服騎射」軍事改革以來，國勢較盛，軍力較強，對外戰爭勝多負少，且擁有廉頗、趙奢、李牧等一批能征慣戰的將領，尚可與強秦進行一番周旋。

　　事情很清楚，秦國要完成統一六國的曠世偉業，一定要拔去趙國這顆釘子。自然，趙國也不是好惹的，豈甘心束手就擒。兩國之間的戰略決戰勢所難免。

　　秦昭王根據丞相范雎「遠交近攻」的戰略構想，從西元前

268 年起，先後出兵攻占了魏國的懷（今河南武陟西）、邢丘（今河南溫縣附近），迫使魏國親附於己。接著又大舉攻韓，先後攻取了陘（今河南濟源西北）、高平（今河南濟源西南）、少曲（今河南濟源西）等地。並於西元前 261 年攻克野王（今河南沁陽），將韓國攔腰截為二段。訊息傳來，韓國朝廷上下一片驚恐，趕忙遣使入秦，以獻上黨郡（今山西長治一帶）向秦求和。

然而，韓國的上黨太守馮亭卻不願獻地入秦，而是做出了獻上黨之地於趙的選擇，他的用意當然清楚：轉移秦軍鋒芒，促成趙、韓攜手，聯合抵禦秦國。

趙王目光短淺，在不計後果的情況下，接受平原君趙勝的建議，貪利受地，將上黨郡併入自己的版圖。趙國的這一舉動，無異於虎口奪食，引起秦國的極大不滿，秦、趙之間的矛盾因此而全面激化了。范雎遂建議秦王乘機出兵攻趙。秦王便於西元前 261 年命令秦軍一部進攻韓國緱氏（今河南偃師西南），直趨滎陽，威懾韓國，同時命令左庶長王齕率領大軍撲向趙國，攻打上黨。上黨趙軍兵力不敵，退守長平（今山西高平西北）。

趙王聞報秦軍長驅東進，得地的喜悅早去了一半。只好興師應戰，派遣大將廉頗率趙軍主力開往長平，企圖重新占據上黨。廉頗抵達長平後，即向秦軍發起攻擊。遺憾的是，秦強趙弱，趙軍數戰不利，損失較大。廉頗不愧為一名明智的將帥，他鑑於實際情況，及時改變了戰略方針，轉取守勢，依託有利

地形，築壘固守，以逸待勞，疲憊秦軍。廉頗的這一招很是奏效，秦軍的速決攻勢被抑制了，兩軍在長平一帶相持不決。

但是秦國的戰爭指揮官畢竟棋高一著，他們運用謀略來開啟缺口，為爾後的戰略進攻創造條件。一方面他們借趙國使者鄭朱到秦國議和的機會，故意殷勤招待鄭朱，向各國製造秦、趙和解的假象，使趙國在外交上喪失了與各國「合縱」的機會，陷於被動和孤立。另一方面，又採用離間計，派人攜帶財寶前赴趙都邯鄲收買趙王的左右權臣，挑撥離間趙王與廉頗的關係。四處散布流言：廉頗不足畏懼，他固守防禦，是出於投降秦軍的目的，秦軍最害怕馬服君趙奢的兒子趙括為將。終於借趙王之手，把廉頗從趙軍主帥的位置上拉了下來，並使趙王不顧藺相如和趙括母親的反對諫阻，任命趙括為趙軍主帥。

趙括是一個缺乏實戰經驗，只會「紙上談兵」的庸人。他上任後，一反廉頗所為，更換將佐，改變軍中制度，搞得趙軍上下離心離德，鬥志消沉。他還改變了廉頗的戰略防禦方針，積極籌劃戰略進攻，企圖一舉而勝，奪回上黨。

秦國在搞亂趙國的同時，也及時調整自己的軍事部署：立即增加軍隊，徵調驍勇善戰的武安君白起為上將軍，代替王齕統率秦軍。為了避免引起趙軍的注意，秦王下令軍中嚴守這一機密：「有敢洩武安君為將者斬。」這個白起，可不是尋常人物，他是戰國時期最傑出的軍事將領，久經沙場，曾大戰伊闕，斬殺韓、魏聯軍24萬；南破楚國，入鄢、郢，焚夷陵，打得楚人

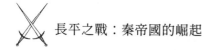
喪魂落魄。只會背吟幾句兵書的趙括哪裡是他的對手。

白起到任後，針對趙括沒有實戰經驗、求勝心切、魯莽輕敵等弱點，採取了誘敵入伏、分割包圍而後予以聚殲的正確作戰方針，對兵力作了周密細緻的部署，造成了「以石擊卵」的強大態勢。

白起的具體作戰部署是，以原先的第一線部隊為誘敵部隊，等待趙軍出擊後，即向預設主陣地長壁方面撤退，誘敵深入；其次，巧妙利用長壁構築袋形陣地，以主力守衛營壘，抵擋阻遏趙軍的攻勢，並組織一支輕裝銳勇的突擊部隊，待趙軍被圍後，主動出擊，消耗趙軍的有生力量；其三，動用奇兵 2.5 萬人埋伏在兩邊側翼，待趙軍出擊後，及時穿插到趙軍的後方，切斷趙軍的退路，協同主陣地長壁上的秦軍主力，完成對出擊趙軍的包圍；其四，用 5000 名精銳騎兵插入滲透到趙軍營壘的中間，牽制和監視營壘中的剩餘趙軍。

戰局的發展果然按著白起所預定的方向進行。西元前 260 年 8 月，對秦軍動態茫昧無知的趙括統率趙軍主力向秦軍發起了大規模的出擊。兩軍稍事交鋒，秦軍的誘敵部隊即佯敗後撤。魯莽的趙括不問虛實，立即率軍實施追擊。當趙軍前進到秦軍的預設陣地 —— 長壁後，即遭到了秦軍主力的堅強抵抗，攻勢受挫，被阻於堅壁之下。趙括欲退兵，但為時已晚，預先埋伏於兩翼的秦 2.5 萬奇兵迅速出擊，及時穿插到趙軍進攻部隊的側後，搶占了西壁壘（今山西高平北的韓王山高地），截斷

了出擊趙軍與其營壘之間的聯絡，構成了對出擊趙軍的包圍。另外的 5000 秦軍精騎也迅速地插到了趙軍的營壘之間，牽制、監視留守營壘的那部分趙軍，並切斷趙軍的所有糧道。與此同時，白起又下令突擊部隊不斷出擊被圍困的趙軍，趙軍數戰不利，情況十分危急，被迫就地構築營壘，轉攻為守，等待救援。

秦昭王聽到趙軍業已被包圍的訊息，便親赴河內（今河南沁陽及其附近地區），將當地 15 歲以上的男丁全部編組成軍，增援長平戰場。這支部隊開進到長平以北的今丹朱嶺及其以東一帶高地，進一步斷絕了趙國的援軍和後勤補給，從而確保了白起徹底地殲滅被圍的趙軍。

到了 9 月，趙軍斷糧已達 46 天，內部互相殘殺以食，軍心動搖，死亡的陰影籠罩著整支部隊，局勢非常危急。趙括組織了四支突圍部隊，輪番衝擊秦軍陣地，希望能開啟一條血路突圍，但都未能奏效。絕望之中，趙括孤注一擲，親率趙軍精銳部隊強行突圍，結果仍遭慘敗，連他本人也喪身於秦軍的箭鏃之下。趙軍失去主將，鬥志全無，遂不復再作抵抗，40 餘萬飢疲之師全部向秦軍解甲投降。這 40 餘萬趙軍降卒，除幼小的 240 人之外，全部為白起所殘忍坑殺。秦軍終於取得了空前激烈殘酷的長平之戰的徹底勝利。

長平之戰中，秦軍前後共殲趙軍 45 萬人，從根本上削弱了當時關東六國中最為強勁的對手趙國，也給其他關東諸侯國以極大的震懾。從此以後，秦國統一六國的道路變得暢通無阻了。

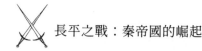

長平之戰秦勝趙敗的結局並不是偶然的。除了總體力量上秦對趙占有相對的優勢外，雙方戰略上的得失和具體作戰藝術運用上的高低也是其中重要的因素。秦軍之所以取勝，在於：首先是分化瓦解了關東六國的戰略同盟；其次是巧妙使用離間計，誘使趙王犯下置將不當的嚴重錯誤；其三是擇人得當，起用富於謀略、驍勇善戰的白起為主將；其四是白起善察戰機，用兵如神，誘敵出擊，然後用整合奇勝的戰法分割包圍趙軍，痛加聚殲；其五是在戰鬥的關鍵時刻，秦國上下一體動員，及時增援，協調配合，斷敵之援，為白起實施正確的作戰指揮提供了必要的保證。

趙軍之所以慘敗，在於：第一，不顧敵強我弱的態勢，貿然開戰，一味追求進攻；第二，臨陣易將，讓毫無實戰經驗的趙括替代執行正確防禦戰略的廉頗統帥趙軍，中了秦人的離間之計；第三，在外交上不善於利用各國仇秦的心理，積極爭取與國，引為己助；第四，趙括不知「奇正」變化、靈活用兵的要旨，既無正確的作戰方針，又不知敵之虛實，更未能隨機制宜擺脫困境，始終處於被動之中；第五，具體作戰中，屢鑄大錯。決戰伊始，即貿然出擊，致使被圍。被圍之後，只知消極強行突圍，未能進行內外配合，打通糧道，終於導致全軍覆滅的悲慘下場。

一統六國：
秦始皇的夢想實現

　　秦統一六國的戰爭，既是戰國末期最後一場諸侯兼併戰爭，又是中國歷史上最早的一場封建統一戰爭。從西元前 30 年到西元前 221 年，秦國用了 10 年的時間，相繼滅掉了北方的燕、趙，中原的韓、魏，東方的齊和南方的楚六個國家，結束了春秋以來長達 500 餘年的諸侯割據紛爭的戰亂局面，建立了中國歷史上第一個中央集權統一國家。

　　戰國時期，經過長期諸侯割據戰爭，諸侯各國盛衰格局發生了很大變化，許多弱小國家被消滅，中國境內只剩下齊、楚、燕、韓、趙、魏、秦七個大的諸侯國，史稱戰國七雄。七雄局面的形成，既是春秋以來兼併戰爭的結果，又是中國統一的前奏。為增強國力，統一全國，七雄相繼展開了富國強兵的變法活動。魏國任用李悝變法，楚國使用吳起變法，趙國有武靈王改革，但最有成效的是秦國商鞅變法。西元前 359 年，秦孝公任用商鞅，變法改革，國力逐步強盛。從秦孝公到秦王政的 100 多年時間中，秦國國力更加強盛，在軍事制度方面實行按郡縣徵兵，完善了軍隊組織，提高了軍隊戰鬥力，士卒勇猛，車騎雄盛，遠非其他六國可比。在軍事策略上改變了勞師遠征而經常失利的戰略，採用范雎遠交近攻的策略，逐漸蠶食

並鞏固其占領地區，實行有效占領。秦國相繼滅掉西周、東周，攻占韓國的黃河以東和以南地區，設定太原、上黨、三川三郡，領土包括今陝西大部，山西中南部，河南西部，湖北西部，湖南西北部和四川東北部的廣大地區。史書記載秦國「西有巴蜀、漢中之利，北有胡貉、代馬之用，南有巫山、黔中之限，東有崤函之固」，在地理位置上進可攻，退可守；「戰車千乘，奮擊百萬」，軍事力量遠勝於其他六國。秦國這種優越的戰略優勢為統一六國打下了基礎。與此同時，山東六國統治集團內部相互傾軋，爭權奪利，政局很不穩固。各國之間長期戰爭，實力消耗，國力被削弱。六國面對強秦的威脅，雖然屢次合縱抗秦，但在秦國連橫策略下先後瓦解而失敗。他們時而「合眾弱以抗一強」，時而「恃一強以攻眾弱」，無法形成穩固統一的抗秦力量，給秦國各個擊破以可乘之機。當時的有識之士已經看出這種趨勢，如子順就曾經說過：「當今崤山以東的六國衰弱不振，韓趙魏三國向秦國割地求安，二週已被秦滅亡，燕齊楚等大國也向秦國折服，照此看來，不出 20 年，天下必然是秦國的了。」

　　西元前 238 年，秦王政剷除了丞相呂不韋和長信侯嫪毐集團，開始親政，周密布署統一六國的戰爭。李斯、尉繚等協助秦王制定了統一全國的戰略策略。秦滅六國的戰略有兩個內容，一是乘六國混戰之際，秦國「滅諸侯，成帝業，為天下一統」。秦王政採納了尉繚破六國合縱的策略，「毋愛財物，賂其

豪臣，以亂其謀」，從內部分化瓦解敵國。二是繼承歷代遠交近攻政策，確定了先弱後強，先近後遠的具體戰略步驟，李斯建議秦王政先攻韓趙，「趙舉則韓亡，韓亡則荊魏不能獨立，荊魏不能獨立則是一舉而壞韓、蠹魏、拔荊，東以弱齊燕」。這一戰略步驟可以概括為三步，即籠絡燕齊，穩住楚魏，消滅韓趙，然後各個擊破，統一全國。在這種戰略方針指導下，一場統一戰爭開始了。

西元前236年，秦王政乘趙攻燕、國內空虛之際，分兵兩路大舉攻趙，拉開了統一戰爭的帷幕。秦國經過數年連續攻趙，極大地削弱了趙國實力，但一時無力滅亡趙國。於是秦國轉攻韓國，西元前231年，攻下韓國南陽，次年，秦內史滕率軍北上，攻占韓國都城陽翟（今河南禹州市），俘虜韓王安，在韓地設定潁川郡，韓國滅亡。

西元前229年，秦大舉攻趙，名將王翦率軍由上黨（今山西長治市）出井陘（今河北井陘縣），端和由河內進攻趙都邯鄲。趙國派大將李牧迎戰，雙方屢有勝負，陷入僵局，相持一年之久。後來趙王中了秦的反間計，撤換李牧，由於臨陣易將，趙軍士氣受挫，失去了相持能力。西元前228年，王翦向趙國發起總攻，秦軍很快攻占了邯鄲，俘虜趙王遷，殘部敗逃，趙國滅亡。

秦國在攻趙的同時，兵臨燕境。燕國無力抵抗，太子丹企圖以刺殺秦王的辦法挽回敗局。西元前227年，燕丹派荊軻

以進獻燕國地圖為名，謀刺秦王政，結果陰謀暴露，被秦國處死。秦王政以此為藉口，派王翦率兵攻打燕國，秦軍在易水（今河北易縣境內）大敗燕軍。次年 10 月，王翦攻陷燕國都薊（今北京市），燕王喜與太子丹率殘部逃到遼東（今遼寧遼陽市），苟延殘喘，燕國名存實亡。

秦國滅掉韓趙、重創燕國以後，北方大部分地區已為秦有，只有地處中原的魏國，孤立無援。西元前 225 年，秦將王賁率軍出關中，東進攻魏，迅速包圍魏都大梁（今河南開封市）。秦軍引黃河水灌城，攻陷大梁，魏王投降，魏國滅亡。

早在秦軍攻取燕都時，秦國已把進攻目標轉向楚國。西元前 226 年，秦王政問諸將攻楚需要多少兵力，老將王翦認為楚國地廣兵強，必須有 60 萬軍隊才能伐楚，而李信則說只用 20 萬軍隊就能攻下楚國。秦王以為王翦因年老怯戰，沒有聽取他的意見，而派李信和蒙恬率軍 20 萬攻打楚國。西元前 225 年秦軍南下攻楚，楚將項燕率軍抵抗。秦軍開始進軍順利，在平輿（今河南汝南縣東南）和寢（今河南沈丘縣東南）擊敗楚軍，進兵到城父（今河南寶豐縣東）。項燕率軍反擊，在城父大敗秦軍，李信敗逃回國。西元前 224 年，秦王政親自向王翦賠禮，命他率 60 萬大軍再次伐楚，雙方在陳（今河南淮陽縣）相遇，王翦按兵不動，以逸待勞，楚軍屢次挑戰，秦軍不與交戰，項燕只好率兵東歸。王翦乘楚軍退兵之機，揮師追擊，在蘄（今安徽宿州市）大敗楚軍，殺楚將項燕。次年，秦軍乘勝進兵，俘虜楚王

負芻，攻占楚都郢（今湖北荊州市），設定郢郡，楚國滅亡。

　　五國滅亡後，只剩下東方的齊國和燕趙殘餘勢力。西元前222 年，秦將王賁率軍殲滅了遼東燕軍，俘虜燕王喜，回師途中又在代北（今山西代縣）俘獲趙國餘部代王嘉，然後由燕地乘虛直逼齊國。齊王建慌忙在西線集結軍隊，準備抵抗。西元前221 年，秦軍避開西線齊軍主力，從北面直插齊國都城臨淄（今山東淄博市）。在秦國大兵壓境的形勢下，齊王建不戰而降，齊國滅亡。

　　秦統一六國戰爭的勝利，是由於秦國在戰爭中戰略戰術運用得當。秦王政在位時期，國力富強，有足夠的人力物力供應戰爭，在戰略上處於進攻態勢，勢如破竹，摧枯拉朽，相繼滅掉諸國。在戰術上，秦國執行了由近及遠，先弱後強的方針，首先滅掉了毗鄰的弱國韓趙，然後中央突破，攻燕滅魏，解除了北方的後顧之憂。最後消滅兩翼的強敵齊楚，這種戰術運用是符合實際情況的。在具體戰役中，秦國運用策略正確，如在滅韓趙的戰爭中，根據具體情況，而不是完全機械地按「先取韓以恐他國」的既定方針，而是機動靈活，趙有機可乘則先攻趙，韓可攻則滅韓。滅楚戰役是在檢討了攻楚失策後，根據楚國實力集中優勢兵力攻楚而取勝的。攻打齊國避實就虛，出奇制勝。相反，六國方面勢力弱小，在戰略上又不能聯合，各自為戰，根本不能阻擋秦國的進攻，戰爭中消極防禦，被動捱打，以致一個個被秦國滅亡。

一統六國：秦始皇的夢想實現

斯巴達克斯：
奴隸起義的火焰

在古羅馬，人們喜歡看一種殘酷的遊戲：角鬥。參加角鬥的都是身體強壯的奴隸，他們的每天的生活就是訓練刺殺，強健體魄，然後到競技場上與對方搏鬥，要麼殺死對方，要麼被對方殺死。

角鬥士們受著密切的監視，一舉一動都受到嚴格的限制，他們的腳上還戴著沉重的枷鎖。

在角鬥時，一方受了傷，倒下了，這時他的命運要由觀眾來決定。觀眾如果把大拇指朝上，鬥敗者可以僥倖存活；大拇指朝下，鬥敗者當場被處死。

西元前 73 年的一個深夜。羅馬中部卡普亞城的角鬥士的鐵窗內突然發出可怕的慘叫，在靜寂的夜晚裡顯得格外悽慘。3 名衛兵急忙趕了過去，隔著鐵窗厲聲問道：「幹什麼？找死啊！還不老實睡覺！」

一名角鬥士伸了腦袋說：「打死人了。高盧人打死了我們的夥伴。他被我們制服了，你們看該怎麼處理他？你們不管我們就勒死他。」

衛兵拿著油燈一照，果然是死了一個人，另一個人正被幾個人反扭著手。士兵說：「把他交給我們吧。把死人也抬出來。」

邊說邊開了門。說時遲，那時快，角鬥士們迅速擊倒他們，拔出他們身上的短劍，衝出牢門。沉重的鐵門被一扇扇開啟，角鬥士們揮舞著鐐銬向屋外衝出。

「向維蘇威跑啊！」只見一聲高昂的呼喊聲劃破夜空，角鬥士們蜂擁著向外跑去，消失在夜幕中。

這次角鬥士起義的領袖是斯巴達克。他本是希臘東北的色雷斯人，生得英俊健美，勇毅過人，在一次反羅馬的戰爭中被俘，淪為奴隸。因他聰明，富有教養，體格健壯，他的主人把他送進角鬥士學校，想把他訓練成一名出色的角鬥士。在角鬥士學校，他憑著勇敢和智慧，成了角鬥士們的精神領袖。他利用一切機會勸說角鬥士們為自由而死，而不應成為羅馬貴族取樂的犧牲品。他組織了 200 多個角鬥士準備暴動的時候，不慎洩密，於是他決定提前行動，結果有 78 人衝出虎口。

斯巴達克率領這批人登上維蘇威火山，並安營紮寨。周圍的奴隸聽說維蘇威火山有自己的隊伍後，紛紛前來投奔，奴隸起義軍很快就擴充到近萬人。他們殺富濟貧，令當地的奴隸主聞風喪膽，談虎色變。

西元前 72 年春，羅馬元老院派三千軍隊前往鎮壓。他們將起義軍紮營的山頭封鎖起來，企圖困死起義軍。一萬人的吃飯、飲水很快成了問題。斯巴達克向戰士們發出戰令：「寧可戰死，不願餓斃。」他積極尋求突圍的計策。一天，他巡視戰場，看見一群戰士在用野葡萄藤紡織盾牌。他突然心生一計：用野

葡萄藤編織軟梯，然後利用軟梯順著懸崖峭壁下山。他的妙計得到戰士們的呼應，很快一條長長的軟梯編好了。起義大軍在夜色的掩護下，平安地轉移到山下。他們包抄到敵軍背後，發起猛攻，把三千敵軍打得丟盔棄甲，潰不成軍。首戰大勝，起義軍士氣大振。斯巴達認真地分析形勢，在敵強我弱的情況下，要在羅馬本土建立政權是很困難的。因此，他決定把起義軍帶出義大利，擺脫羅馬的奴役。

起義軍向義大利北部浩浩蕩蕩地進軍，準備翻過阿爾卑斯山，進入羅馬勢力尚未到達的高盧地區。

羅馬元老院不甘心自己的失敗，又派遣大約 1 萬多人兵分三路前來追擊起義軍。

雙方交戰後，斯巴達克先後打敗了羅馬的兩支敵軍。由於連續作戰，起義軍在適當休整時，被另一支敵軍圍困在一個山坳裡。敵人興高采烈，以為已經置起義軍於死地了。深夜的時候，斯巴達克又想出一條妙計：起義軍把敵人丟下的一具具屍體綁在木樁口，旁邊點燃篝火，遠處看去象是一個個哨兵在站崗，同時又留下幾名號兵在吹號，起義軍似乎仍被圍困在山裡。起義軍在敵人的眼皮底下，靜悄悄地沿著崎嶇的羊腸小道，衝出了敵人的包圍。天亮時，羅馬軍隊發現中計，急忙率軍緊追，中途又遭到起義軍埋伏隊伍的伏擊，損失慘重。

斯巴達克突破敵人的多次圍追堵截，繼續北上。西元前 72 年時，起義軍發展到了 12 萬人，阿爾卑斯山已經遠遠在望了。

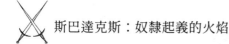

　　阿爾卑斯山高聳入雲，終年積雪，氣候惡劣，大隊人馬要翻過山去困難重重。也許是因為這一具體情況，斯巴達克放棄了翻越阿爾卑斯山，進入高盧地區的計劃，他突然掉轉頭來，揮師南下，準備渡海到西西里島。

　　羅馬元老院原先是千方百計不讓斯巴達克起義軍跑出義大利，現在變成千方百計不讓他進入義大利中心了。羅馬士兵在起義軍經過的路上設起防線，但抵擋不住士氣高昂，如猛虎下山般的起義軍。羅馬元老院派出兩位執政官去鎮壓，但都敗北。羅馬全國處於緊急狀態。元老院選出大奴隸主克拉蘇擔任執政官，率領 6 個兵團的兵力去對付起義軍。

　　西元前 71 年整個夏季，克拉蘇是在與起義軍作戰失利的情況下渡過的。為了整頓軍隊，克拉蘇恢復義大利軍隊殘酷的「十一抽殺律」，臨陣脫逃的士兵，每 10 人一組，每組抽籤處死一人。士兵為了活命，重又鼓起勇氣，提高了克拉蘇部隊的戰鬥力。斯巴達克部隊迅速挺進到義大利半島的南端。斯巴達克在滔滔的大海邊與海盜談妥，由後者用船把起義軍運往西西里島。海盜們得了錢財，立下誓言，但到約定時間卻不見蹤影，原來他們被西西里總督收買了。這一背信棄義把起義軍置於絕境。但斯巴達克並未喪失信心，他組織起義軍自己製造木筏，在木筏下綁紮木桶，代替船隻渡海，但海上的大風暴又使這一計劃落了空，起義軍被圍困了。克拉蘇是個老奸巨猾的傢伙，為了阻止奴隸起義再度北上，他命士兵挖了一條橫過整個地峽

的壕溝，寬深各 4.5 尺，溝邊還修築了高大而堅固的防護牆，用以阻擋起義軍突圍。

西元前 71 年初秋的一天，斯巴達克與敵軍展開了生死決戰。6 萬多起義奴隸壯烈犧牲，斯巴達克和上萬名起義軍也被團團圍住。但起義軍戰士仍在勇敢地戰鬥著，他們怒吼著，一次又一次想突出重圍。

斯巴達克騎著黑色駿馬，奮不顧身地和敵人激戰著。突然，一個羅馬軍官在他後面猛刺了一槍，他的腿部受傷，跌下馬來，戰士們立即衝上去搶救他。「快上馬突圍」，戰士們懇求斯巴達克騎馬衝出重圍。但斯巴達克用短劍刺死了馬，發誓和戰士同生死，共命運。他屈著一條腿，舉盾向前，還擊來進攻的敵人，直到他和包圍他的敵人一起倒下為止。

斯巴達克全身被刺十幾處，壯烈犧牲了，6000 多名被俘虜的奴隸全部被嗜血成性的克拉蘇釘死在從卡普亞到羅馬城一路上的十字架上。但斯巴達克剩下的部下仍然繼續奮戰了十幾年。為了徹底鎮壓這次起義，羅馬奴隸主不得不耗費大量的時間和精力。

斯巴達克和他的戰友縱橫馳騁，無所畏懼，沉重地打擊了羅馬的貴族統治。他的轉戰生涯簡直就是一部英雄的史詩。斯巴達克以他的勇敢堅強，卓越的組織才能和高尚的個人品質為後人稱道。今天，關於斯巴達克的文學作品不計其數，人們還拍攝了關於他的影片。

斯巴達克斯：奴隸起義的火焰

猶太戰爭：
流亡與抵抗的軌跡

猶太戰爭是西元 1 世紀發生的猶太人民反抗羅馬帝國統治的兩次偉大起義。戰爭的結果是猶太民族遭到血腥屠殺，國破家亡，被掠為奴，四處飄零，開始了一個偉大民族悲壯的全球流浪史。

猶太民族是一個聰明能幹、英勇頑強、精誠團結的民族，同時也是一個充滿悲劇色彩、命運多舛的民族，她的歷史堪稱一部可歌可泣的悲劇。

巴勒斯坦東靠阿拉伯海，西瀕地中海，沿岸內陸是一片肥沃平原，平原以東和沙漠之間則有許多丘陵高地，境內的約旦河從北向南流入世界上最凹陷的內陸湖死海，雖然氣候比較乾燥，在西亞沙漠丘陵較多的條件下卻是一塊適於農耕的富饒之鄉，是一塊「流著乳和蜜的土地」。西元前 2000 年代中期，有一批塞姆族人移居此地，他們的語言稱為希伯來語，自稱其民族為以色列，後因建立以色列和猶太兩個王國故也可稱其為猶太人。這三個名稱都指同一民族，現今使用時也有一些約定俗成的慣例：希伯來主要用於稱其語言、文學；以色列多用於與政治、歷史有關方面；猶太則指其民族和宗教。據《聖經》記載，老家在阿拉伯沙漠的猶太人曾浪遊四方，兩河流域的烏爾和尼

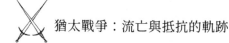

羅河三角洲都曾留下他們的足跡，在埃及時受法老奴役，全靠其民族英雄摩西率他們擺脫桎梏，逃出埃及，經西奈沙漠定居於巴勒斯坦。

西元前 1012 年，大衛統一以色列和猶太兩王國，定都耶路撒冷，國勢達到鼎盛。在其子所羅門統治時期（前 972 －前 932 年），建成了耶路撒冷第一聖殿。這時的以色列雖不能憑武力稱霸，卻也能以外交和經濟聯絡而成為西亞南疆頗負盛名的繁榮之邦。但好景不長，所羅門死後，國家南北分裂，以色列定都撒馬利亞，猶太則仍以耶路撒冷為都。由於埃及、西臺王國已衰，亞述尚未興起，兩國對峙局面維持 200 年之久。由於兩國爭鬥，國王為政暴戾，階級分化劇烈，人民痛苦不堪，猶太教得以誕生。當亞述帝國已成氣候並大軍壓境之時，自鬧分裂的兩個小國便難以生存，從此開始了猶太人苦難的歷程。

西元前 721 年，亞述國王薩爾貢二世攻陷撒馬利亞，滅了以色列，並擄走 27290 人。南方的猶太國靠耶路撒冷的堅固城防雖倖免滅頂之災，但仍臣服亞述。從此，以色列民族不論南北皆不斷處於外部強國鐵蹄的蹂躪之下。西元前 586 年，新巴比倫國王尼布甲尼撒摧毀了耶路撒冷城，聖殿遭洗劫焚毀，猶太王被挖去眼睛，繫上鎖鏈，舉族解送巴比倫，在那裡度囚徒生活達半個世紀，這就是著名的「巴比倫之囚」。幸運的是，新巴比倫王國國運不長，西元前 539 年即被波斯消滅。波斯人出於進攻埃及需拉攏人心的戰略考慮，把猶太人送回巴勒斯坦，

允許他們在耶路撒冷再建聖殿、恢復家園，遂使猶太人更堅定了猶太教信仰，認為上帝確實照顧他們這個飽受苦難的民族。這一歷史演變對猶太教的發展具有關鍵意義：在苟存之際，猶太人把擺脫苦難的願望寄託於宗教信仰；在奴役生活之中，藉助上帝堅定回鄉復國的信念和決心；在波斯人允許他們迴歸後更以此動員群眾，維護民族生存。於是猶太教便成為猶太民族的護身符和汲取力量的源泉，至今猶太教的一些規儀仍然瀰漫著歷史的回聲：如猶太婚禮最後一項必讓新郎將一隻酒杯猛摔於地，以紀念耶路撒冷聖殿的毀滅和猶太人的流亡；每日晨昏祈禱之前必先念《聖經》詩篇第 137 首，以紀念巴比倫之囚；安息日及節日祈禱前先念詩篇第 136 首，以紀念重返家園謝神恩惠……這體現了猶太教信仰與民族生存之間的血肉聯絡。

對猶太人來說，可真是「苦海無涯」。經過亞歷山大大王的入侵、托勒密王朝的管轄和塞琉古王朝的統治之後，猶太人所生息的巴勒斯坦地區於西元前 65 年又被羅馬鐵蹄所滅，猶太人的國家不復存在。羅馬帝國設猶太省，對猶太人進行壓榨和奴役。繁重的苛捐雜稅和官吏的暴戾無道激起了當地人民的強烈不滿。羅馬在猶太省總督弗洛魯斯的胡作非為和暴行直接引起了西元 66 年猶太人的反抗起義。

猶太人起義的主力是城市貧民、中層市民和農民，狂熱黨徒傑羅特和短刀黨徒西卡里領導了這次起義。起義軍消滅了耶路撒冷城的羅馬敵軍和地方貴族，並占領該城。西元 66 年 11

月，羅馬遠征討伐隊和諸屬國國王的軍隊均被起義軍徹底擊敗。於是，尼祿皇帝派大將韋帕薌統領大軍 6 萬人征討猶太起義軍。西元 67 年，羅馬軍隊侵入加利利地區，遭到 6.5 萬猶太起義軍的頑強反抗，未獲成功。西元 69 年，韋帕薌當上羅馬帝國皇帝，遂命其子第度全力進攻。西元 70 年 4 月，羅馬大軍圍攻耶路撒冷城。為保衛這座聖城，起義軍民英勇戰鬥，作出巨大犧牲。第度竭盡全力始得破城，接著便對猶太人進行殘酷鎮壓，被釘在十字架上處死的起義者不計其數，被賣為奴者達 7 萬之眾。據說整個猶太戰爭中起義人民死難者達 110 萬，耶路撒冷古城橫遭蹂躪，聖殿被洗劫一空，七寶燭臺等聖物被運往羅馬。羅馬曾為紀念這次勝利建立凱旋門。但是，起義軍的反抗鬥爭仍未中斷，即使在西元 73 年最後一座堡壘馬薩達要塞陷落之後的數十年間，猶太人的起義仍不時發生。

由於羅馬帝國推行高壓政策，猶太人的反抗怒潮終於在 131 年匯成一次大規模起義。西元 131 年，哈德良皇帝禁止猶太教徒舉行割禮和閱讀猶太律法，要在耶路撒冷城建立羅馬殖民地和羅馬神廟，並把猶太人趕出聖城。猶太人面對國家被滅、聖城被占的嚴重危險，忍無可忍，終於在「晨星之子」西門的領導下揭竿而起。起義群眾達 20 萬之眾，他們占領羅馬殖民地，殺死殖民者，攻城陷鎮，勢頭迅猛。哈德良皇帝派大批軍隊瘋狂鎮壓，以毀滅性的軍事行動征伐 3 年，毀滅城市 50 餘座、村莊近 1000 個，屠殺猶太人達 58 萬。

這次猶太起義的壯舉為猶太民族樹立了抗爭不息的榜樣，也被羅馬當局下決心斬草除根，不讓起義重演。西元 135 年，耶路撒冷城被徹底破壞，遺址翻耕成田，有如昔日迦太基之毀滅。殺戮之後殘存的人民多被擄掠為奴，整個巴勒斯坦田園荒蕪，廬舍為墟。於是猶太人開始了背井離鄉、流浪異地的長期民族飄泊史。

　　猶太戰爭徹底暴露了羅馬黃金時代的階級本質，也樹立了猶太人為保家衛國、捍衛自由和獨立而英勇鬥爭的光輝典範。由於敵人的強大和兇殘，猶太人起義終被鎮壓。猶太戰爭在軍事學術史上具有重要意義。耶路撒冷和其他城市的防禦和圍攻戰，為深入研究奴隸制時期奪取堅固設防城市的主要戰法提供了有價值的依據。在這場鎮壓猶太起義的戰爭中，羅馬軍隊每次圍攻城市，最初都試圖採取行進間強攻，如不奏效，便在輕裝部隊和拋射器械的掩護下展開土工作業，待築起攻城工事和塔堡後，便用攻城槌擊破城牆，開啟缺口，爾後發起強攻。有時，羅馬軍隊對要塞實行圍困，待守軍疲憊再進行突然攻擊。另一方面，猶太戰爭再現了昔日迦太基毀滅的悲劇，從而把一場鎮壓起義的征討發展到滅絕種族、剷除國家的極端戰爭，給社會造成嚴重的破壞。

黃巾起義：
漢朝的垂暮與農民的吶喊

　　黃巾農民起義戰爭，爆發於東漢中平元年（184 年）。它是東漢末年農民與地主之間階級矛盾不斷激化的結果，是一次經長期醞釀的、有組織、有準備的大規模農民戰爭。這場轟轟烈烈的農民起義戰爭，雖然在東漢王朝及各地豪強地主武裝的聯合鎮壓下遭到了失敗，但卻給了腐朽的東漢王朝以沉重的打擊，加速了它的崩潰；同時，它也不同程度地打擊了豪強地主勢力，為改變東漢後期土地兼併等狀況，提供了可能的條件。

　　東漢晚期，宦官與外戚兩大集團交替專政，政治腐敗，土地兼併加劇，賦稅日趨沉重，社會動盪不安，民眾流離失所，階級矛盾高度激化，小規模的農民戰爭此落彼起，連綿不斷。「山雨欲來風滿樓」，一場波瀾壯闊的農民大起義就在這種背景下逐漸醞釀成熟了。

　　時勢造英雄，冀州鉅鹿（今河北平鄉西南）人張角，目睹廣大民眾在東漢王朝暴政統治下的悲慘境況，義憤填膺，決心透過武裝起義的途徑，來改變這一局面。於是，他積極展開革命宣傳和組織活動，從而成為這場偉大農民起義當之無愧的領袖人物。

　　張角自稱「大賢良師」，創立了太平道，以畫符誦咒行醫治病，在貧苦農民中宣傳原始道教的平等思想，鼓動民眾起來

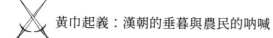

反抗暴政統治。在宣傳發動群眾的同時，張角還利用宗教從事起義的組織準備工作，派遣骨幹信徒到各地聚集力量。經過十餘年的祕密宣傳和組織，張角已擁有徒眾數十萬，遍布於青、徐、幽、冀、荊、揚、兗、豫八州。在此基礎上，張角又將信徒按地域組織分為 36 方，大方萬餘人，小方六七千人，各設「渠帥」，統一節制，為起義做好了必要的組織準備。

在起義即將爆發的前夕，張角根據戰爭的需要，及時用讖語的形式提出了「蒼天（指東漢王朝）已死，黃天（黃太一神，即指太平道）當立，歲在甲子，天下大吉」的戰爭口號和起義計劃。一場在宗教形式掩護下的農民大起義至此已是呼之欲出了。

為了實現起義計劃，張角派遣大方首領馬元義往來於洛陽和各州之間，準備調集荊、揚兩州的道徒數萬人潛赴鄴城，並積極聯絡洛陽皇宮中的宦官信徒充當內應，確定三月五日在洛陽和各州同時起義。

可是正當起義即將發動的關鍵時刻，太平道內部卻出了可恥的叛徒，濟南人唐周向朝廷上書告密，使得起義計劃全部洩露。東漢王朝聞報後，即行嚴厲鎮壓，收捕起義領袖人物。這一突然變故打亂了起義部署，張角為了扭轉被動不利局面，當機立斷，決定提前舉行起義，星夜派人通告各方同時行動，並規定起義軍以黃巾纏頭為號。歷史上著名的「黃巾起義」正式爆發了。

黃巾起義爆發後，聲勢十分浩大，史稱「旬日之間，天下響

應，京師震動」。黃巾軍主力分布在三個地區：義軍首領張角自稱天公將軍，他的弟弟張寶號稱地公將軍；張梁自稱人公將軍，他們率領義軍主力，活躍於冀州地區，在北方形成革命中心。張曼成自稱「神上使」，帶領黃巾軍在南陽地區奮戰，形成南方地區的起義中心。波才、彭脫等人率部轉戰於潁川（郡治在今河南禹縣）、汝南（郡治在今河南汝南東北）、陳國（郡治所在今河南淮陽）一帶，成為東方地區的革命主力。各路黃巾軍所到之處，燒官府、打豪強、攻塢壁、占城邑，給東漢王朝的統治秩序以沉重的打擊。

這次黃巾起義在戰略部署方面，張角吸取了以往起義被統治者各個擊破的教訓，採取了「內外俱起」、「八州併發」同時出擊的計劃，即在京師洛陽內外同時起事，在地方各州一起暴動。在作戰行動方面，各路義軍雖缺乏周密的協同配合，但是從其活動形勢看，起義軍顯然是以洛陽為主要進攻目標的，自東、南、北三個方面包圍威脅洛陽。所有這些，均反映了黃巾起義戰爭表現出一定的戰略決策經驗和較好的作戰指揮藝術，一時間造成「遐邇搖盪」、「煙炎絳天」的巨大聲勢絕不是偶然的。

八州並起的黃巾大起義極大地震撼著東漢朝廷，統治者在惶恐不安之餘，急忙調兵遣將鎮壓起義：任命何進為大將軍，率左右羽林五營屯兵都亭，以保衛京師；在函谷、太谷等八個險隘要衝設定八關都尉，以加強洛陽外圍的防禦；下詔解除「黨禁」，以緩和統治集團內部的矛盾；出宮中藏錢收買官兵，用

西園馬匹裝備軍隊，擴充騎兵，增設西園八校，以加強軍隊實力。爾後，東漢王朝調集軍隊，開始向起義軍進行反撲。

當時，活動於潁川一帶的波才起義軍對洛陽構成直接威脅，所以漢廷委派中中郎將皇甫嵩、右中郎將朱統率主力投入這一戰場。對於起義中心地區的河北一帶，則任北中郎將盧植率北軍五校尉和當地郡國兵前往鎮壓。對於南陽地區的張曼成都義軍，則加強防禦，暫取守勢。東漢統治者實施這種先防後剿、攻守皆備、重點進攻、逐個擊破的戰略方針，表明他們具有老練的統治經驗和軍事素質，是黃巾起義軍所面臨的一夥兇狠狡猾的敵人。

這年四月，黃巾起義軍和東漢王朝反動軍隊的戰略決戰首先在潁川一帶展開。潁川黃巾軍波才部擊敗朱的進攻，並乘勝圍攻皇甫嵩於長社（今河南長葛東北），形勢對義軍有利，但遺憾的是，波才軍缺乏軍事經驗，依草結營，戒備不嚴，結果反被皇甫嵩深夜縱火燒營，實施突襲，造成義軍的慘重損失。皇甫嵩會合朱、曹操兩部漢軍，乘機進擊，大敗波才軍，殘殺起義將士數萬人。破潁川義軍後，官軍乘勝進攻汝南、陳國義軍。不久，波才義軍餘部在陽翟（今河南禹州市），彭脫義軍在西華（今河南西華南），又遭鎮壓歸於失敗。潁川、汝南黃巾軍的失敗，使東漢朝廷擺脫了京師之危，得以騰出力量來對付其他地區的起義軍。至此，雙方的戰略地位發生了變化，東漢朝廷已占據了主動和優勢。

東漢王朝旋即將皇甫嵩調赴東線；鎮壓東郡卜巳黃巾軍；調朱開赴南陽，鎮壓張曼成義軍。皇甫嵩進攻很順手，倉亭一役，就將卜巳起義軍殘暴地鎮壓下去。於是，南陽一帶成為雙方第二個戰略會戰的場所了。

　　在南陽，黃巾軍張曼成部自三月開始，即以重兵圍攻宛城（今河南南陽），遇到南陽太守秦頡的頑固抵抗，雙方相持百餘日，義軍師疲。六月，張曼成戰死，義軍推舉趙弘為統帥，繼續鬥爭，終於攻克宛城，並把部隊發展到十餘萬人。可是就在這時，朱率領漢軍主力進抵。宛城一線，會同荊州、南陽地區的地方武裝圍攻宛城。從六月到八月，黃巾軍經過頑強奮戰，多次挫敗官軍的攻勢，守住了宛城。可是黃巾軍未能乘勝出擊，擴大戰果，使得朱能夠重新集結力量，繼續進攻。不久，趙弘戰死，韓忠繼為黃巾軍統帥，又與漢軍相持了一段時間。朱鎮壓農民起義很有一套手段，他見強攻不易奏效，這時便偽裝撤圍欺騙義軍，暗布伏兵，伺機進擊。義軍缺乏經驗，中計出城追擊，結果在中途遭到伏擊，損失慘重，統帥韓忠投降被殺。黃巾軍餘部在孫夏帶領下退保宛城，但因眾寡懸殊，無法固守，於十一月撤出宛城，退向西鄂精山（今河南南召南）。朱跟蹤追擊，孫夏戰死，義軍犧牲者達萬餘人，南陽黃巾軍起義到此歸於失敗。

　　此後，戰爭的中心轉移到河北地區。河北是黃巾農民大起義的中心地區，張角在鉅鹿發動全國起義後，即率軍攻克廣

宗（今河北威縣東南），並命張寶北上占領下曲陽（今河北晉縣西），控制河北腹地，與張角、張梁軍形成犄角之勢。東漢王朝先後派遣盧植、董卓進剿河北義軍，但曠日持久，無所進展。八月間，皇甫嵩接任官軍統帥，率主力撲向河北戰場。這時，其他地區的義軍已遭失敗，戰局對黃巾軍日益不利。屋漏更遭連夜雨，就在這緊要關頭，黃巾軍首領張角又突然病逝。但即便是在這種困難的形勢下，義軍在張梁、張寶率領下，仍堅持著同官軍浴血奮戰。在廣東一帶，義軍與漢軍皇甫嵩部激烈交戰，數次挫敗敵人的進攻，迫使皇甫嵩「閉營休士，以觀其變」。可是這時義軍又犯了輕敵的錯誤，誤以為敵人已停止進攻，以至於鬆懈了戒備。皇甫嵩瞅準機會，乘黑夜發起突然襲擊，起義軍倉促應戰，慘遭敗績，張梁英勇捐軀，廣宗失陷，是役，義軍陣亡和投水啟盡者達八萬餘人。而皇甫嵩在進剿廣宗張梁部義軍得手後，則迅速調轉兵鋒，於十一月攻打下曲陽。經過激烈交戰，起義軍戰敗，張寶犧牲，十餘萬起義軍壯士慘遭屠殺，河北黃巾軍也被扼殺於血泊之中。

官軍攻陷下曲陽，標誌著張角等人所領導的黃巾起義軍主力，在東漢王朝的軍隊和各地豪強武裝的武力鎮壓下，悲壯地失敗了。然而農民起義的火焰並沒有就此而熄滅，分散在各地的黃巾餘部，仍在堅持奮鬥，他們前僕後繼，百折不撓，給東漢王朝的統治以新的打擊。這一斗爭前後延續了二十餘年之久，給黃巾大起義添上了一個可歌可泣的尾聲。

黃巾農民大起義，是中國歷史上著名的農民革命戰爭，它雖然最終失敗了，但卻為後人留下了豐富的農民革命遺產。其中既有成功的經驗，也有失敗的教訓，對它認真進行總結，無疑是很有意義的工作。

　　黃巾農民起義戰爭的成功經驗，主要表現在：第一、它提出了明確的抗爭目標，即消滅東漢政權，建立自己的統治，這對號召和團結人民參加起義起到了重要的作用。第二、利用宗教形式進行起義的宣傳和組織工作，麻痺了官府，積蓄了力量，為舉行起義作好了比較充分的準備。第三、起義計劃制訂得比較周密、具體。所謂「內外俱起」、「八州併發」就反映了這一特點。儘管後來由於叛徒的告密，使這一起義計劃的實施遇到很大的困難，但經張角果斷處置，它基本上還是得到了落實，從而給東漢王朝以沉重的打擊。第四、鬥志堅決，寧死不屈，敢於攻堅，勇於犧牲，以此向天下昭示了起義將士的鬥爭精神和高尚氣節。

　　但是黃巾農民戰爭失敗的教訓同樣是非常深刻的。它沒有遠大的戰略眼光，因此提不出更具體的策略方針；它沒有建立起後方基地和有組織的戰鬥部隊，因此部隊保障受到限制，戰鬥行動受到掣肘；它缺乏統一的指揮和互相的配合，各自為戰，因此造成戰區上的孤立、分割態勢，以致為敵占優勢的主力軍所各個擊破；它不懂得在敵強我弱形勢下采取運動戰、游擊戰等機動作戰形式的重要性，因此熱衷於城池的攻守，將起義軍

主力膠著於一地，同敵人打硬仗、拼消耗，直至耗盡自己的戰鬥力而被擊敗。所有這些，都是起義軍在戰略上和作戰指導方面的嚴重失策，也是直接導致這場轟轟烈烈的農民革命戰爭不幸失敗的原因。令人千載之後，猶為之感慨不已！

赤壁之戰：
三國鼎立的轉折

　　西元 208 年「赤壁之戰」，是曹操和孫權、劉備在今湖北江陵與漢口間的長江沿岸的一場戰略會戰，對於三國鼎立局面的確立具有決定性的意義。在這場戰爭中，處於劣勢地位的孫、劉聯軍，面對總兵力達二十三四萬之多的曹軍，正確分析形勢，找出其弱點和不利因素，採取密切協同、以長擊短、以火佐攻、乘勝追擊的作戰方針，打得曹軍丟盔棄甲，狼狽竄北，使曹操「橫槊賦詩」、併吞寰宇的雄心就此付諸東流，從而成為歷史上運用火攻，以弱勝強的著名戰例。

　　西元 200 年，曹操在官渡之戰中擊敗袁紹，進而統一了北方，占據了幽、冀、青、並、兗、豫、徐和司隸（今河南洛陽一帶）共八州的地盤，形成了獨占中原的格局。接著他又揮師平定遼東地區的烏桓勢力，基本穩定了後方地區，一時間成為當時歷史舞臺上不可一世的風雲人物。

　　然而，對於素懷「山不厭高，水不厭深，周公吐哺，天下歸心」雄心大志的曹操來說，統一北方地區，只能算作是萬裡長征走完第一步而已。他的宏偉目標，是掃平所有的割據勢力，實現「天下混一」的理想。於是他便積極從事南下江南的戰爭準備：在鄴城修建玄武池訓練水軍，並派人到涼州（今甘肅）授

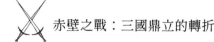

馬騰為衛尉予以拉攏，以避免南下作戰時側後受到威脅。一切就緒後，曹操緊擂戰鼓，興起大軍，浩浩蕩蕩向南方地區殺奔而來。

當時，南方的主要割據勢力有兩個，一是立國三世的東吳孫權政權，他據有揚州六郡。這些地方土地肥沃、物產豐富，在當時戰亂較少。而北方人的南遷又給當地帶來了先進的生產技術，因此東吳的經濟有了長足的進步。在軍事上，孫權擁有精兵數萬，有周瑜、程普、黃蓋等著名將領，內部團結，加上據有長江天險，因而使它成為曹操吞併天下的主要障礙。南方另一個主要割據勢力是荊州的劉表。他基本上採取了維持現狀的政策，但他年老多病，處事懦弱，其子劉琦和劉琮又因爭奪繼承權而鬧得不可開交，所以政權並不穩固。

至於劉備，在當時還沒有自己固定的地盤。他原來依附袁紹，官渡之戰後投奔劉表。劉表讓他屯兵新野、樊城一帶，為自己據守阻止曹軍南下的門戶。但劉備素號「梟雄」，志在「匡復漢室」，所以就趁著這一機會擴充軍隊、網羅人才。他這時擁有諸葛亮、關羽、張飛、趙雲等謀士、猛將，是曹操吞併天下的又一重要障礙。

西元 208 年 7 月，曹操率軍南下，他的第一個戰略目標是荊州。荊州歷來為兵家必爭之地，如占據了它，既能夠控制今湖北、湖南地區，又可以順江東下，從側面打擊東吳；向西進軍則可以奪取富饒的益州（今四川）。就在戰爭一觸即發的緊要

關頭，窩窩囊囊的劉表於 8 月因病一命嗚呼了。接替他的次子劉琮更不爭氣，他讓曹操的兵威嚇破了膽，未作任何抵抗，就將荊州雙手拱出。曹操兵不血刃，完成了南下戰略的第一步。

劉備在樊城獲悉劉琮投降的訊息後，急忙率所部向江陵（今湖北江陵）退卻，並命令關羽率水軍經漢水到江陵會合；江陵為軍事重鎮，是兵力和物資的重要補給基地。曹操自然不甘心讓它落入劉備之手，於是便親率輕騎五千，日夜兼行 150 公里，追趕行動遲緩的劉備軍隊，在當陽（今湖北當陽）的長坂坡擊敗劉備，占領了戰略要地江陵。劉備僅僅與諸葛亮、張飛、趙雲等數十騎突圍，在與關羽、劉琦等部會合後，退守龜縮於長江南岸的樊口（今湖北鄂城西北）一線。

軍事上接二連三的勝利，使得曹操躊躇滿志，輕敵自大，企圖乘勝順流東下，占領整個長江以東的地區，一舉消滅孫權勢力。儘管謀士賈詡建議他利用荊州的豐富資源，休養軍民，鞏固新占地，然後再以強大優勢迫降孫權，可是曹操哪裡聽得進去。

在強敵壓境、存亡未卜的危急關頭，孫權和劉備兩股勢力為了避免徹底覆滅的共同命運，終於結成了聯合抗曹的軍事同盟。

早在曹操進兵荊州以前，東吳即曾打算奪占荊州與曹操對峙。劉表死後，孫權又派魯肅以弔喪為名去偵察情況。魯肅抵江陵時，劉琮已投降了曹操，劉備正向南撤退。魯肅當機立

斷，即在當陽長坂坡會見劉備，說明聯合抗曹的意向。處於困境的劉備欣然接受了這個建議，並派諸葛亮隨同魯肅前去會見孫權。諸葛亮向孫權分析了敵我形勢。指出，劉備最近雖兵敗長坂坡，但是尚擁有水陸 2 萬餘眾的實力。曹操雖然兵多勢眾，但經長途跋涉，連續作戰，非常疲憊，就像一支飛到盡頭的箭鏃，它的力量連一層薄薄的絹子也穿不透了。何況曹軍多是北方人，不習水戰；荊州又是新占之地，人心不服。在這種形勢下，只要孫、劉雙方同心協力，攜手合作，就一定能擊破曹軍，造就三分天下的局面。孫權對他的這番精闢分析深表贊同。

可是當時東吳內部也存在著反對抵抗、主張投降的勢力。長史張昭等人為曹軍的聲勢所懾服，認為曹操「挾天子以令諸侯」，兵多勢眾，又挾新定荊州之勝，勢不可擋。雙方實力相差懸殊，東吳難以抗衡，不如趁早投降。張昭是東吳的重臣，頗具影響，他這樣的態度，使得孫權感到左右為難。這時魯肅就竭力密勸孫權召回東吳軍事主帥周瑜商討對策。

周瑜奉召從鄱陽趕回柴桑（今江西九江西南），他同樣主張堅決抗禦曹操。他以為：曹操雖已統一北方，但其後方並不穩定。馬超、韓遂在涼州的割據，對曹操側後是潛在的重大威脅。曹操捨棄北方軍隊善於騎戰的長處，而同吳軍進行水上較量，這是舍長就短。加上時值初冬，馬乏飼料，北方部隊遠來江南，水土不服，必生疾病。這些都是用兵之大忌，曹操貿然東下，失敗不可避免。緊接著，周瑜又向孫權分析了曹操的兵

力。指出曹操的中原部隊不過十五六萬，並且疲憊不堪；荊州的降兵最多不過七八萬人，而且心存恐懼，鬥志低落。這樣的軍隊，人數雖多，但並不可懼，只要動用精兵五萬，就足以打敗它。周瑜深入全面的分析，使孫權更加堅定了聯劉抗曹的決心。於是便撥精兵 3 萬，任命周瑜、程普為左右都督，魯肅為贊軍校尉，率軍與劉備會師，共同抗擊曹操。

西元 208 年 10 月，周瑜率兵沿長江西上到樊口與劉備會師。爾後繼續挺進，在赤壁（今湖北嘉魚東北）與曹軍打了一個遭遇戰。曹軍受挫，退回江北，屯軍烏林（今湖北嘉魚西），與孫、劉聯軍隔江對峙。

孫、劉聯軍雖占有天時、地利、人和方面的優勢，但畢竟是力量弱小，要打敗強大的曹軍談何容易！可是，機遇總是喜歡那些敢於同命運抗爭的人，勝利的天平傾向了弱者孫、劉一邊。這中間的關鍵，就是孫、劉聯軍的統帥們能夠比較敵我優劣長短，善於捕捉戰機，找到了克敵制勝的法寶——乘隙蹈虛，欺敵誤敵，因風放火，以火助攻。

當時曹軍中疾病流行，又因多是北方人，不習水性，長江的風浪把他們顛簸得口吐黃水，苦不堪言。於是隻好把戰船用鐵環「首尾相接」起來。周瑜的部將黃蓋針對敵強我弱、不宜持久及曹軍士氣低落、戰船連線的實際情況，建議採取火攻，奇襲曹軍戰船。周瑜採納了這一建議，制定了「以火佐攻」，因亂而擊之的作戰方略。

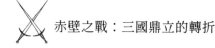

　　周瑜利用曹操驕傲輕敵的弱點，先讓黃蓋寫信向曹操詐降，並與曹操事先約定了投降的時間。曹操不知是計，欣然容允。屆時，黃蓋率艨艟（一種用於快速突擊的小船）、鬥艦數十艘，滿載乾草，灌以油脂，並巧加偽裝，插上旌旗，同時預備快船系掛在大船之後，以便放火後換乘，然後揚帆出發。當時，江上正猛颭著東南風，戰船航速很快，迅速向曹軍陣地接近。曹軍望見江上船來，均以為這是黃蓋如約前來投降，皆「延頸觀望」，絲毫不加戒備。

　　黃蓋在距曹軍 1 公里地處，遂下令各船同時點火。一時間「火烈風猛，船往如箭」，直衝曹軍戰船。而曹軍船隻首尾相連，分散不開，移動不得，頓時便成了一片火海。這時，風還是一個勁地猛刮，熊熊烈火遂向岸上蔓延，一直燒到了岸上的曹軍營寨。曹軍將士被這突如其來的大火燒得驚惶失措、鬼哭狼嚎、潰不成軍，燒死、溺死者不計其數。在長江南岸的孫、劉主力艦隊乘機擂鼓前進，橫渡長江，大敗曹軍。曹操勢窮力蹙，被迫率軍由陸路經華容道向江陵方向倉皇撤退，行至雲夢時曾一度迷失道路，又遇上大風暴雨，道路泥濘不堪，以草墊路，才使得騎兵得以透過。一路上，人馬自相踐踏，死傷累累。孫、劉聯軍乘勝水陸並進，窮追猛打，擴大戰果，一直追擊到南郡（今湖北江陵境內）。曹操留曹仁、徐晃駐守江陵，樂進駐守襄陽，自己率領殘兵敗將逃回到北方。這場赤壁大鏖兵至此遂以孫權、劉備方面大獲全勝而宣告結束。

赤壁之戰對當時歷史的發展具有深遠的影響。它使得曹操勢力不復再有南下的力量；孫權在江南的地位得到了進一步的鞏固；劉備乘機獲取立足之地，勢力日益壯大，三國鼎立的形勢就此造成。

在赤壁之戰中，孫權與劉備兩大集團表現出卓越的戰略籌劃與靈活的作戰指導：第一，在敵強我弱，分則俱亡，合則勢強形勢下，精誠合作，結成政治、軍事同盟，形成一股可以與曹軍抗衡的力量。第二，在知彼知己的基礎上，針對曹操驕傲輕敵，舍長用短的特點，利用地理、天時方面的有利條件，欺敵詐降，並果斷採取「以火佐攻」的作戰方針，乘敵之隙，予其以出其不意的打擊。第三，在實施火攻襲擊成功的情況下，不失時機地率領主力艦隊橫渡長江，乘敵混亂不堪之際，奮勇打擊曹軍，奠定勝局。並堅決實施戰略追擊，擴大戰果，奪取荊州。

反觀曹操，雖然他久歷戎行，戰績輝煌，但在赤壁之戰中卻屢犯戰略、戰術上的錯誤：一是輕敵冒進，率意開戰；二是棄騎用舟，舍長就短；三是在作戰部署上又犯連結戰船的錯誤；四是對敵手可能實施火攻的情況茫昧無知，輕信詐降，疏於戒備，終於導致了可悲的失敗。

沙漠之狐：
伊斯蘭的崛起與阿拉伯統一

　　西元 6 － 7 世紀，阿拉伯半島正處在社會激烈動盪和變革時期，奴隸主與奴隸之間、各氏族部落之間、民族之間的矛盾錯綜複雜，特別是拜占庭、波斯和阿比西尼亞等帝國長達幾個世紀的侵略戰爭，給阿拉伯半島的人民帶來深重的災難。在內外矛盾交織、社會危機四伏的情況下，只有把分裂的阿拉伯半島統一起來，才能抵禦外族入侵，促進社會政治、經濟的發展。伊斯蘭教正是在這樣的社會歷史背景下產生的，它點燃了旨在統一阿拉伯半島的第一場「聖戰」。

　　穆罕默德於西元 610 年在麥加創立了伊斯蘭教，在傳教活動中受到麥加貴族的迫害。為了避免重大損失，穆罕默德毅然決定將信徒分批遷往麥地那。西元 622 年，穆罕默德也前往麥地那，在當地一些部落的支援下繼續傳教，並建立不分階級、地域、民族和部落的政教合一的宗教公社，組建穆斯林武裝，用武力與麥加貴族抗衡，開始了阿拉伯半島統一戰爭。

　　穆罕默德遷至麥地那後，麥加貴族對伊斯蘭教的發展深惡痛絕，頻頻滋事。為了打擊麥加貴族，鞏固麥地那宗教公社，穆罕默德採用以攻為守的戰略策略，打擊、攔截麥加貴族的商隊，癱瘓麥加的商業。但他幾次率隊出征均撲了空。西元 624

年 3 月，當他得知古來氏人派往敘利亞的大商隊即將返回麥加時，即派 300 人前往截擊。商隊聞訊改變了路線。穆罕默德率部在白德爾與麥加援軍相遇，經激戰首戰獲勝，殲滅麥加貴族軍隊近千人，繳獲 100 匹馬和 700 峰駱駝，打擊了敵人的銳氣，大長了穆斯林的威風，同時也考驗了穆斯林為宗教犧牲的精神。

麥加貴族在白德爾慘敗後，為重整旗鼓，伺機復仇，拿出 5 萬金幣擴充軍備。西元 625 年 3 月，麥加貴族軍隊 3000 人攻打麥地那。在兵臨城下的危急之際，穆罕默德沉著應戰，親率 1000 人出城迎敵。兩軍在伍侯德山谷交戰。由於穆斯林軍中有的臨陣脫逃，有的擅離職守，使得軍心不振，陣腳大亂，傷亡慘重，穆罕默德也受了傷。此戰，使穆罕默德認識到，要鞏固提高穆斯林軍的戰鬥力，必須征服麥地那周圍各部落，掃清猶太教部落的隱患，爭取猶太教徒皈依伊斯蘭教，對不從者採取驅逐、鎮壓等手段，迫其離開麥地那。

西元 627 年 3 月，麥加貴族經兩年準備，組建了萬人大軍，再次進犯麥地那。穆罕默德吸取伍侯德失利的教訓，據城堅守。他派人在城北開闊地挖了一條寬闊的壕溝，防禦敵軍侵犯。在敵大兵壓境之時，城內猶太部落與麥加軍隊串通，使穆斯林軍腹背受敵，處境十分危急，但幸有壕溝防禦，堅守一個多月未被攻破。後因酷暑颶風，使麥加軍隊人心惶惶，不得不撤退。敵軍剛一撤退，穆罕默德就立即進攻古來祖猶太部落，拔除了異教徒在麥地那的最後據點。此後，穆罕默德與麥加人

達成停戰協議。穆罕默德為確保麥地那安全，開始集中力量征服麥地那周圍的猶太部落，肅清殘餘力量，並於西元 628 年 5 月攻克猶太人勢力較大的海巴爾城，迫使其他地區猶太部落投降，從而解除了後顧之憂。隨後，他開始向巴勒斯坦、敘利亞方向擴張穆斯林勢力。西元 629 年 5 月，穆罕默德派其義子裁德率 3000 軍隊征伐巴勒斯坦。雙方在死海附近的穆塔交戰，穆斯林軍隊被擊敗。但這並沒有使穆罕默德氣餒，他透過各種外交手腕，加深了與四方各部落的聯絡，使其一一歸順；對周圍的強國，則派出使節，增強友好關係，以期安定四方，為進攻麥加做好充分準備。

西元 630 年 1 月，穆罕默德率軍 1 萬餘人向麥加進軍。穆斯林將士鬥志昂揚，聲威大振，麥加貴族聞風喪膽，潰不成軍，麥加成了一座空城，穆斯林軍和平進入麥加城。進城後，穆罕默德處決了少數極端仇視並殘害穆斯林的頑固分子，對廣大市民進行了安撫。兩週後，麥加東南的塔伊夫鎮部族首領集結了 3 萬人企圖偷襲麥加。穆罕默德聞訊率領 1.2 萬人出城迎敵，在侯乃尼山谷遭敵軍伏擊，經頑強戰鬥，擊潰敵軍，乘勝追擊，包圍塔伊夫城，經 3 個星期攻城作戰，迫敵求降。麥加之戰的勝利，極大地推動了伊斯蘭教在阿拉伯半島的傳播，大批阿拉伯人紛紛加入伊斯蘭教，使伊斯蘭教成為阿拉伯半島居統治地位的宗教。西元 631 年，來自阿拉伯半島各地的使團爭先恐後地到麥地那表示友好和歸順，基督教和猶太教居民也派

代表團前來簽訂和約，願以納貢形式求得寬容。同年夏，穆罕默德率領 3 萬軍隊，冒著酷暑炎熱，進行了最後一次大規模遠征，企圖征服拜占庭帝國統治下的敘利亞。遠征軍因長途跋涉，天氣酷熱，士兵厭戰，加之穆罕默德年老體衰，行至敘利亞邊境的塔布克就停止了前進。雙方不戰而和，簽訂了和約。和約允許異教徒保持原有信仰，但每年必須繳納一次人丁稅。這一先例在非伊斯蘭教地區產生深遠影響。632 年，阿拉伯半島基本統一。

穆罕默德在遷往麥地那後的 10 年傳教和建國過程中，以「聖戰」的名義，先後作戰 65 次，其中親自帶兵出征達 27 次，為鞏固政教合一的宗教公社，實現阿拉伯半島的統一，作出了卓越的貢獻。馬克思和恩格斯將穆罕默德這個時期的創教活動，稱之為「穆罕默德的宗教革命」。

阿拉伯半島統一戰爭之所以在短時間內取得勝利，其主要因素有以下幾點：

首先，阿拉伯半島統一戰爭是以宗教革命為動力，打破部落割據，制止了血親仇殺，適應了阿拉伯社會歷史發展的總程式，使阿拉伯半島由分散走向統一，從而促進了阿拉伯社會政治、經濟的發展，併為商業活動開闢了廣闊的前景，因此得到了社會各階層人士的擁護和支援。

其次，阿拉伯半島統一戰爭一開始，穆罕默德就透過布道活動，建立起政教合一的宗教公社，組織穆斯林大軍，推行一

系列軍事、政治、宗教制度，使參戰者意志統一，目標明確，把進攻麥加看成是爭取自身解放的鬥爭，是為「真主」而戰，從而為戰爭勝利奠定了堅實的基礎。

第三，隨著戰爭的發展，穆罕默德在不同時期，根據敵我雙方不同情況，採取不同的戰略策略手段。對反對派，他採取剋制和靈活的策略，爭取歸順者，打擊頑固者；對猶太人根據不同時期鬥爭的需要，分別採取聯合、安撫和排擠、打擊的策略；由於戰爭指導符合戰爭實際，使穆斯林軍隊由弱到強，最後戰勝了強大的敵人，實現了阿拉伯半島的統一。

此外，穆罕默德在作戰中身先士卒，衝鋒陷陣，英勇善戰；在情況險峻的時候，鎮定自若，毫不動搖，沉著應戰；對待穆斯林軍隊官兵，紀律嚴明，態度和藹，表現出非凡的統帥才能，贏得了廣大穆斯林的擁護和愛戴，堅定了他們必勝的信心。這也是穆罕默德取得戰爭勝利的重要原因。

沙漠之狐：伊斯蘭的崛起與阿拉伯統一

黑斯廷斯之役：
諾曼人征服英格蘭

　　發生在西元 11 世紀中葉的黑斯廷斯戰役，是法國諾曼第公爵威廉為爭奪英國王位而發動的一場戰爭。這場諾曼人意在征服英國的戰爭以英國大封建主哈羅德中箭身亡，威廉的勝利而告終。它既是諾曼人對外擴張的繼續，又是西歐同英國之間的又一次社會大融合，對英國歷史的發展產生了深遠的影響。

　　英國位於歐洲大陸西北岸外的大西洋中，由不列顛群島組成。1002 年，英國國王埃塞爾雷德娶諾曼第公爵的妹妹埃瑪為妻。1013 年，丹麥國王斯文（八字鬍王）征服整個英國，埃塞爾雷德攜妻兒倉皇逃往諾曼第。丹麥人的王國很快衰落，克努特二世死後王位空懸。英格蘭貴族推舉流亡在諾曼第的愛德華王子為合法繼承人，並於 1043 年為其加冕。愛德華國王娶英格蘭大貴族戈德溫之女為妻，但他在朝中重用諾曼人，遂使諾曼人的外來勢力與以戈德溫為代表的英國本土勢力之間矛盾激化。

　　威廉對英國王位的覬覦由來已久。1051 年，他在訪問倫敦時，就與表兄弟、英王愛德華討論過王位繼承問題。愛德華無子，對威廉的要求沒有提出異議。哈羅德也曾許諾日後奉威廉為王。

　　愛德華國王於 1066 年 1 月病逝，臨終前卻讓哈羅德為王位繼承人，英國政治機構的核心賢人會議也決定由哈羅德繼承王

位。不久，哈羅德在西敏寺大教堂加冕稱王。這對威廉來說是一次沉重的打擊，他決定用武力奪取王位，征服英國，建立自己的王國。

為創造有利的形勢，威廉派使節遊說當時最有影響的封建領袖羅馬教皇亞歷山大二世和神聖羅馬帝國皇帝亨利四世，向他們控告哈羅德背信棄義，是一個篡位者和發偽誓的人。教皇支援威廉的行為，還賜給他一面「聖旗」。亨利四世也表示幫助威廉奪回王位。丹麥國王出於個人野心，也支援威廉。很快，威廉便拼湊出一個反對哈羅德的鬆散聯盟。為解除後顧之憂，他與東面的弗蘭德人訂立同盟，在西面征服了布列塔尼，在南部占領了梅因。這一切為他入侵不列顛創造了有利條件。1066年春，他在里里波尼城召開封建主會議，制定進攻英國的方案。

同威廉的積極活動形成鮮明對比的是，哈羅德卻無所作為，對威廉外交活動的戰略意義毫無覺察，這就在戰爭過程中使自己處於孤立無援的被動局面。

就兵力對比來看，雙方基本是勢均力敵，各有所長，但哈羅德準備不足。諾曼第地處歐洲大陸，進入封建社會早於英格蘭。威廉是諾曼第最大的封建主，下有伯爵、主教、騎士等諸多封建附庸，隨時聽候威廉的號令出征打仗。威廉糾集起一支6000多人的精銳部隊，渡海所需的500餘艘船隻也很快製造完畢。

哈羅德的有利之處是以逸待勞、內線作戰；不利的是，由於封建化水平低，軍事制度相對落後，機動性差，再加上愛德

華在位時，曾將英格蘭的艦隊解散，從而使哈羅德缺少在海上打擊威廉的力量，防禦縱深大大縮小。

1066 年 8 月初，威廉的進攻準備基本就緒，軍隊在太加斯河集結待命。12 日原本準備向不列顛進發，但為惡劣氣候所阻。非常湊巧的是，在威廉的大軍被天氣所阻的這一個月內，英格蘭發生了一場戰爭，這意想不到的插曲無疑是上天對威廉的恩賜。封建主託斯蒂格為哈羅德奪走了自己的伯爵領地而起兵反叛，挪威國王哈拉爾德三世懷著個人野心與託斯蒂格聯手行動。他們曾兵臨英格蘭北部重鎮約克城下，但終為哈羅德所敗。

就在哈羅德獲勝的次日，即 9 月 27 日午夜時分，威廉的遠征軍乘著涼爽的南風駛向海峽對岸。28 日早上 9 時未遇任何抵抗便在佩文西灣登陸。此時，英格蘭東南沿海地區門戶大開，直到倫敦都無重兵防守，因為哈羅德正在約克慶祝自己的勝利。

10 月 1 日，哈羅德得知這一訊息後立即飛馬趕回倫敦。由於事發突然，哈羅德來不及大規模動員，手下兵力只有未獲充分休整的 5000 餘人迎擊威廉。

10 月 11 日，哈羅德從倫敦出發，13 日夜到達黑斯廷斯附近的一處高地宿營。威廉的遠征軍此時也已趕到黑斯廷斯，雙方在此遭遇。一場激戰，也是威廉征服戰爭中決定性的一戰就這樣開始了。

哈羅德選擇威爾登山地的山背最高處作為統帥部所在地，

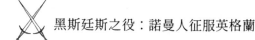

將親兵部署在峰頂兩側，在中央構成堅固的防守，兩翼則是民兵把守。持矛、斧的步兵，肩靠肩、盾靠盾構成嚴密的方陣。威廉將軍隊分成左中右三路，每一路又分三個方陣，第一線是弓箭手，第二線是重灌步兵，第三線是騎兵。他親自指揮中央的諾曼第戰士，並在隊前打起教皇賜予的「聖旗」。

14 日上午 9 時，號角齊鳴，戰鬥開始。諾曼人排成一線，沿山坡向山頂推進。當兩軍接近時，諾曼弓箭手開始射箭，英格蘭人憑藉盾牌護身，用長矛、標槍、戰斧向敵人發起衝擊。英軍居高臨下，兵器銳利，給諾曼人嚴重殺傷。威廉左翼開始向山下敗退，中央的諾曼人也受到影響後退。在混亂之中，威廉墜馬，但他馬上恢復鎮靜，躍上另一匹馬，大聲高呼：「請大家都看著我，我還活著！上帝會保佑我們勝利！」諾曼人停止敗退，重整旗鼓，在威廉指揮下，由騎兵在前，步兵隨後，向英軍發起第二次進攻。結果仍無法突破對方密集的防線。此時，威廉改變戰術，用佯敗將敵人引開堅固有利的陣地，諾曼人向後退到谷底、上山，待敵人追擊時，居高臨下予以痛擊。哈羅德沒有識破這一計謀，追擊時損兵折將，實力受到削弱。威廉抓住這一戰機發動最後反攻。哈羅德中箭身亡，英軍陣腳大亂，全線崩潰。黑斯廷斯戰役以威廉的徹底勝利而告終。

乘決戰勝利的威勢，威廉率軍長驅直入，先後占領坎特伯雷、韋斯特漢姆、西爾、吉爾福德等地，接著又橫掃北部。倫敦投降代表向威廉表示屈服，並奉他為國王。1066 年聖誕節，

威廉在西敏寺大教堂被加冕為英國國王。

　　諾曼征服戰爭以威廉的勝利告終，從此開始了英國歷史上的諾曼第王朝。威廉的勝利，取決於他能揚長避短，充分發揮自己的優勢。他有明確的大戰略，即以外交孤立哈羅德；有周密的戰爭計劃，並能在決戰中適時調整戰術，使用計謀，出奇制勝。在對己不利的地形上連續兩次發動進攻，導致慘重傷亡，這表明威廉並無指揮天才。所幸的是，他能臨危不亂，在己方部隊敗退、險些「群龍無首」之際果斷指揮，重整旗鼓。

　　反觀哈羅德，他失敗的原因主要在於沒有戰略頭腦，如忽視爭取有利的外部環境、對處理突發事件缺乏遠見、沒能廣泛動員民兵；沒能把這場戰爭當作一場反抗外敵入侵的民族自衛戰爭來對待；在戰役指揮上，英勇果敢有餘，用兵計謀不足，不能抓住戰爭中的有利時機進行徹底的殲滅戰。

　　諾曼征服戰是先進社會集團對落後社會集團的戰爭。威廉的勝利不僅把西歐大陸的封建制度移植到英國，而且在經濟、社會、文化、軍事等方面改變了英國的面貌，使英國同西歐大陸更緊密地融為一體。

黑斯廷斯之役：諾曼人征服英格蘭

十字軍的東征：
信仰與劍的交鋒

　　西元 11 世紀末至 13 世紀中葉，為掠奪財富、對外擴張，西歐封建主、大商人和羅馬天主教會打著從「異教徒」手中奪回「聖地」耶路撒冷的旗號，組成十字軍，對東部地中海沿岸各國進行了先後八次、持續近 200 年的侵略性遠征。十字軍所到之處，都成了屍山火海的廢墟。這種強盜行徑，充分暴露了其宗教的欺騙性和虛偽性。但在客觀上，十字軍東侵開啟了東方貿易的大門。

　　11 世紀末，西歐社會生產力有了長足的發展，手工業從農業中分離出來，城市崛起，已有的財富已不能滿足封建主貪婪的慾望，他們渴望向外攫取土地和財富，擴充政治、經濟勢力；許多不是長子的貴族騎士不能繼承遺產，成為「光蛋騎士」，熱衷於在掠奪性的戰爭中發財；許多受壓迫的貧民也幻想到外部世界去尋找土地和自由，擺脫被奴役的地位；歐洲教會最高統治者羅馬天主教會，企圖建立起自己的「世界教會」，確立教皇的無限權威。這些動因促使他們把目光轉向了地中海東岸國家。

　　地中海及其沿岸，是人類文明發源地之一，有著先進的科學、經濟與文化，因而它也是人類爭奪最激烈、戰爭發生頻率最高的地方之一。早在西元 7 世紀，塞爾柱突厥人（他們是信奉

伊斯蘭教的穆斯林）就占領了耶路撒冷，他們干擾基督教商人，殘酷地虐待在巴勒斯坦朝聖的基督教徒，因此就埋下了宗教戰爭的禍根。

此時的中、近東地區混亂不堪，君士坦丁堡皇帝阿歷克塞一世向羅馬教皇烏爾班二世求援，以拯救東方帝國和基督教，此舉正中羅馬教皇的下懷。早已垂涎東方富庶的西歐教俗兩界，由天主教會發起，在「上帝的引導下」，打著從「異教徒」手中奪回「聖地」耶路撒冷的旗號，以驅逐塞爾柱突厥人、收復聖地為目標，以解放巴勒斯坦基督教地（耶路撒冷）為口號，開始了十字軍東侵，對東部地中海沿岸各國進行了持續近 200 年的侵略性遠征。

十字軍遠征參加者的衣服上縫有用紅布製成的十字，由此稱為「十字軍」。西元 1095 年 11 月，羅馬教皇烏爾班二世在法國克勒芒宗教大會上說：「在東方，穆斯林占領了我們基督教教徒的『聖地』（耶路撒冷），現在我代表上帝向你們下令、懇求和號召你們，迅速行動起來，把那邪惡的種族從我們兄弟的土地上消滅乾淨！」教皇還蠱惑人們：「耶路撒冷是世界的中心，它的物產豐富無比，就像另一座天堂。在上帝的引導下，勇敢地踏上征途吧！」十字軍東侵前後進行了 8 次。

第一次，十字軍遠征（1096 ～ 1099 年），參加的約有 10 萬人。騎士十字軍兵分 4 路，1097 年會合於君士坦丁堡，旋即渡海進入小亞細亞，攻城奪地，占領了塞爾柱突厥人都城尼凱亞

等城，大肆擄掠，於 1099 年 7 月 15 日占領耶路撒冷，接著按歐洲國家模式，在地中海沿岸所占地區建立若干封建國家。十字軍橫徵暴斂，促使人民不斷起義，政權動盪不定。

第二次十字軍遠征（1147 ～ 1149 年），是在法國國王路易七世、「神聖羅馬帝國」皇帝和德意志國王康拉德三世率領下進行的。塞爾柱突厥人於 1144 年占領愛德沙，是這次遠征的起因。出動較早的德意志十字軍在小亞細亞被土耳其人擊潰。法國十字軍攻占大馬士革的企圖也落了空，故這次遠征未達到任何目的。

第三次十字軍遠征（1189 ～ 1192 年），是在「神聖羅馬帝國」皇帝紅鬍子腓特烈一世、法國國王奧古斯都腓力二世和英國國王查理一世率領下進行的。腓特烈率其部隊，沿上次遠征的陸路穿越拜占庭。法國人和英國人由海路向巴勒斯坦挺進，途中占領了西西里島。由於十字軍內部矛盾重重，此次遠征也沒有達到目的。德意志十字軍（最初約 10 萬人）一路上傷亡慘重，衝過了整個小亞細亞，但紅鬍子在橫渡薩列夫河時溺死，其軍隊也就隨之瓦解。腓力二世占領了阿克拉（阿克）港後，於 1191 年率部分十字軍返回法國。查理在敘利亞取得了一定的成果，攻占了塞普勒斯，並建立了塞普勒斯王國。以後，於 1192 年與埃及蘇丹撒拉丁簽訂和約。據此和約，從提爾（今蘇爾）到雅法的沿海狹長地帶歸耶路撒冷王國所有，耶路撒冷仍然留在穆斯林手中。

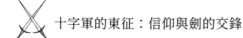

第四次十字軍遠征（1202～1204年），是由教皇英諾木三世組織進行的。十字軍開進拜占庭帝國，先後攻陷兩座基督教城，並在其領土上建立起了幾個國家。

第五次十字軍遠征（1217～1221年），是奧地利公爵利奧波六世和匈牙利國王安德烈二世所率十字軍聯合部隊對埃及進行的遠征。十字軍在埃及登陸後，攻占了杜姆亞特要塞，但被迫同埃及蘇丹訂立停戰協定並撤離埃及。

第六次十字軍遠征（1228～1229年），是在「神聖羅馬帝國」皇帝腓特烈二世率領下進行的，這次遠征使耶路撒冷在1229年暫回到基督教徒手中，但1244年又被穆斯林奪回。

第七次十字軍遠征（1248～1254年）和第八次十字軍遠征（1270年），是法國國王「聖者」路易九世先後對埃及和突尼西亞進行的兩次遠征，但兩次遠征均遭失敗。

十字軍遠征整體上說是失敗的，主要原因是參加者的社會成分繁雜不一，武器裝備上也極不統一。身裹甲冑的騎士裝備的是中等長度的劍和用於刺殺的重標槍。一些騎馬或徒步的騎士除劍外，還裝備有長矛或斧頭。大部分農民和市民裝備的是刀、斧和長矛。十字軍採用的是騎士軍戰術，戰鬥由騎兵發起，一接戰即單個對單個的決鬥，協同動作有限。與十字軍作戰的土耳其人和阿拉伯人的主要兵種是輕騎兵。交戰時，他們先用劍擊潰十字軍的部隊，然後將其包圍，實施勇猛果敢的攻擊，把他們分隔成數個孤立的部分加以殲滅。恩格斯寫道：

「……在十字軍遠征期間，當西方的『重灌』騎士將戰場移到東方敵人的國土上時，便開始打敗仗，在大多數場合都遭到覆滅。」

十字軍遠征持續了將近 200 年，羅馬教廷建立世界教會的企圖不僅完全落空，而且由於其侵略暴行和本來罪惡面目的暴露，反而使教會的威信大為下降。後世史學家評論說：「在某種意義上說，比失敗還更壞些。」十字軍所謂要奪回的聖地耶路撒冷，遭到空前的血洗。這場屠殺以後，十字軍到「聖墓」前去舉行宗教儀式，隨後又投入了新的燒殺擄掠。據《耶路撒冷史》記載，十字軍占領該城後，對穆斯林不分男女老幼實行了慘絕人寰的 3 天大屠殺。十字軍這種強盜行徑，充分暴露了其宗教的欺騙性和虛偽性。

十字軍東侵在客觀上開啟了東方貿易的大門，使歐洲的商業、銀行和貨幣經濟發生了革命，並促進了城市的發展，造成了有利於產生資本主義萌芽的條件。東侵還使東西方文化與交流增多，在一定程度上刺激了西方的文藝復興，阿拉伯數字、代數、航海羅盤、火藥和棉紙，都是在十字軍東侵時期內傳到歐洲的。

十字軍東侵，促進了西方軍事學術和軍事技術的發展，如西方人開始學會製造燃燒劑、火藥和火器；懂得使用指南針；海軍也有新的發展，搖槳戰船開始為帆船所取代；輕騎兵的地位與作用得到重視等。

蒙古帝國的鐵蹄：
草原上的征服者

十三世紀二十年代到十五世紀初，蒙古帝國進行了歷時兩、三個世紀的對外擴張、征服戰爭，占領了歐洲和亞洲陸地的絕大部分地區，包括西到波斯灣、東到日本、南至越南、北至北緯60°線以內，統治達兩個世紀之久，實屬歷史罕見。

在古代望建河（今額爾古納河）東岸居住著一個古老的部落，後逐漸向西部蒙古草原遷移，生活在蒙古高原的廣大土地上。這就是最早在中國歷史中有稱謂的蒙古族。大約12世紀，以放牧為主的蒙古族開始出現家族制。家族的代表建立起親兵隊伍，他們為了擴大各自的利益常常互相混戰，互相侵伐，彼此掠奪，不僅使蒙古族人養成了勇猛、強悍、好戰的習性，而且還學會了遠距離機動、包圍、穿插、衝擊等一系列戰鬥動作。

蒙古族在部族兼併、統一國家，稱霸世界的過程中，成吉思汗發揮了卓越的作用。成吉思汗，原名鐵木真，生於斡難河（今鄂嫩河）畔蒙古乞顏，孛兒只斤氏貴族家庭。少年時，部落之間互相仇殺，其父被塔塔兒人毒死，隨母月倫過著艱苦的游牧生活。戰亂環境使他養成了堅毅、倔強的性格。他在各部族趨向統一的歷史潮流中，起兵征戰。在戰爭中他不僅親自培養將領、謀士，還重用忠心效力的降將。在建立和統率蒙古軍隊

中，使之紀律森嚴，既善野戰，又能攻堅。在眾敵面前，他善於利用矛盾，聯此擊彼，各個擊破。在戰法上，能充分發揮騎兵特長，避實擊虛，迂迴突襲，長於在野戰中殲敵。攻城時，運用火攻、水灌、炮轟等手段，以達速決。他的指揮藝術和治軍之道，在同代人中無與倫比。

蒙古當時才完成由氏族制向封建制的過渡，經常從事戰爭，許多牧民惟一收入就是靠戰爭後的擄獲物。因此，成吉思汗統治全蒙古後，開始了大規模的侵略性遠征。蒙古軍「上馬則備戰鬥，下馬則屯聚牧養」。出征時「只是著馬隨行，不用運餉」，羊食盡則射獵野獸，不舉煙火。所以行軍迅捷，「來如天墜，去如電逝」，定居的人民往往難於防禦。他們又從漢族學到先進的軍事技術，使用火包和飛火槍等攻城武器，大大加強了軍事力量。當時亞洲和歐洲的許多國家，都處於分裂混戰局面，內部矛盾重重，因而更難制止蒙古的侵略。

1211 年，趁金國內亂之機，成吉思汗率軍南下，迫使金軍 30 萬投降。1215 年洗劫了金中都（今北京）。1234 年，蒙軍滅亡金朝。俘虜數百漢族工匠，強迫他們以奴隸身份製造攻城武器。

1218 年，成吉思汗派遣商隊一行 450 人出使花剌子模（今裏海東岸），在到達花剌子模的邊境論答剌城時為守將所殺，只留一人東歸報信。這一事件成為蒙古進攻花剌子模的直接導火線。1219 年秋，成吉思汗親率大軍 20 萬入中亞。花剌子模國王

對王子和統帥都不信任，部下離心，因之雖有 40 萬軍隊和精良武器，卻不敢集中兵力與蒙古軍決戰，反分兵駐守後方各城。蒙古軍對花剌子模的孤立城市實行各個擊破，相繼占領。首都烏爾建赤堅守了半年多，城破後，王子札蘭丁退入阿富汗，後在印度河畔為蒙古軍所敗。中亞各城居民除工匠俘往蒙古、婦女兒童淪為奴隸外，成年男子多遭殺戮。征服者於屠城之後，又決阿姆河堤，引水灌城。人民在兵火之餘，又遭洪水之害。中亞的肥沃地區，因灌溉裝置和堤防破壞，變成一片荒土。

花剌子模滅亡後，蒙古先頭部隊進入頓河流域草原地區。在進攻伏爾加河時，為保加爾人所挫，1223 年底，經裏海北部草原退回蒙古。

1227 年，成吉思汗在圍攻西夏京城中興府時死去。1229 年春，窩闊臺繼位為大汗，於 1231 年征服高麗，1234 年滅金。這時蒙古統治的疆域已擴充到黃河流域、朝鮮半島、中亞和伊朗大部、西伯利亞南部和南高加索的一部分，以和林為首都。

1235 年，蒙古軍決定遠征歐洲，由成吉思汗的孫子拔都率領。拔都於 1237 年侵入俄羅斯東北部。當時俄羅斯各公國內訌，不能一致禦敵。里亞贊、科洛姆納、莫斯科、弗拉基米爾等城都遭摧毀。

1242 年，拔都引兵攻掠亞德里亞海東岸以及塞爾維亞和保加利亞領土，然後折回伏爾加河下游，以薩萊為都，建欽察汗國（1240 ～ 1480 年）。因其帳殿為金色，俄羅斯人稱為金帳

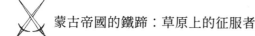

汗國。

至 13 世紀 50 年代，中亞和伊朗東部、南部以及南高加索的亞塞拜然、喬治亞和亞美尼亞，也都屬於蒙古。巴格達以及敘利亞一帶亦為蒙古兵鋒所及。13 世紀 40 年代，窩闊臺死後，蒙哥即位。1252 年，蒙哥弟旭烈兀受命西征伊斯蘭教國家。1258 年，蒙軍占領巴格達，在巴格達城內劫掠 7 日，居民被屠殺數 10 萬人。阿拔斯朝的藝術珍品和華麗的建築都遭焚毀，這座著名的古城受到徹底破壞。旭烈兀還在伊朗、阿富汗、兩河流域和中亞阿姆河西南地區建立伊兒汗國（1258 ～ 1388 年），然後繼續西進，企圖占領敘利亞和埃及。敘利亞分裂為幾個封建小國，無力抗禦。1260 年，蒙古軍攻陷阿勒頗和大馬士革。

1259 年，蒙哥死，其弟忽必烈自立為王，1267 年改國號稱元。1276 年，忽必烈滅南宋以後，於西元 1274、1281 年兩度派兵進侵日本。西元 1287 年征服緬甸，1292 年侵入爪哇，至此南洋各部落和部族全被降服。

居住在西察合臺汗國境內的蒙古人同化於突厥族。帖木兒即出身於突厥化的蒙古貴族家庭。1370 年，帖木兒推翻撒馬爾罕的統治者，成為西察合臺的蘇丹。他利用中亞突厥游牧部落組成的強大軍隊，開始侵略鄰近國家。約十年左右，帖木兒完全控制了河中地帶和花剌子模。帖木兒據有肥沃富庶的河中地區後，夢想追隨成吉思汗，建立大帝國。1380 年起，帖木兒開始進攻伊兒汗國，戰爭延綿多年，奪取伊朗和阿富汗、巴格

達、亞美尼亞等。1398 年,帖木兒進兵印度,在德里附近擊敗圖格拉朝的軍隊,攻陷了德里,屠殺居民近 10 萬人,並掠奪大量戰利品回到撒馬爾罕。1399 年,帖木兒侵入小亞細亞,於 1402 年在安卡拉附近與鄂圖曼帝國發生激戰。據當時人估計,此役雙方集結軍隊達百萬人。帖木兒的侵略戰爭使各地遭受破壞,每下一城,除俘虜少數工匠帶走外,幾乎屠殺全部居民。花剌子模首都烏爾建赤陷落後,全城夷為廢墟,播種燕麥。帖木兒晚年還夢想遠征中國,當 1405 年集結大軍越過錫爾河時,在軍中病死,帖木兒帝國迅即衰落。1500 年,北方的游牧部落茲別克人占領了其全部領土,帖木兒帝國滅亡。

由成吉思汗所建立的蒙古帝國,經忽必烈和帖木兒的再度外征,占領了歐洲和亞洲陸地的絕大部分地區,並對其中很大一部分地區統治了 1～2 個半世紀,這在人類歷史上實屬罕見。

兩個世紀的征戰,侵占如此巨大的面積,足見蒙古族之強盛。透過對外侵略,蒙古獲取了大量的物質財富、技術與人力資源。在掌握了先進的技術兵器後,再對外發動侵略。在戰爭過程中,接受先進的科技文化的影響,或被外民族所同化,這樣迴圈往復,使得蒙古族隨著征服地域的擴充而不斷壯大。蒙古族軍隊對各個國家征伐的過程中毀滅了歐、亞大陸許多燦爛的文明,罪孽是深重的,對人類社會發展曾產生了嚴重的惡果。同時,蒙古族的對外征戰中,客觀上也推動了東西方經濟文化的交流。蒙古在征服各地後建立了許多完善的驛站制度。

在中亞、西亞和俄羅斯等地所建各汗國，也都注意保護商道。一向不曾處在統一控制之下的東西交通，到這時暢通無阻。

　　另外，蒙古人善於遠距離奔襲，把騎兵戰術發展到了一個高峰，其驍勇、善戰、耐勞等優良的尚武精神，對中國和世界都產生了極為深遠的影響。

楚德湖之戰：
日耳曼騎士與俄羅斯的戰爭

冰上激戰發生在中世紀，是中世紀著名戰爭之一。1242 年 4 月 1 日，俄羅斯軍隊在亞歷山大、雅羅斯拉維奇的指揮下，在楚德湖南部冰面全殲了入侵的德意志立沃尼亞騎地，從而遏制了德意志侵略、征服俄羅斯領土的圖謀。

波羅的海沿岸、風光秀麗、土地肥美、物產豐饒、地理位置十分優越，她向周圍各族人民展示著誘人的魅力，像磁石一樣吸引著他們。從 12 世紀中葉起，西北羅斯各公國和日耳曼人同時向這裡擴張，並展開了激烈的角逐。

12 世紀末，日耳曼人在教皇的支援下，在門尼河和維斯拉河之間的征服地區成立了條頓騎士團。不久，他們在征服了立沃尼亞之後，又成立了立沃尼亞騎士團，逐漸征服了波羅的海東岸的廣大地區。日耳曼騎士團不僅野蠻好戰，而且貪婪成性。他們對西北羅斯各國，尤其是楚德湖東岸的諾夫哥羅德公國的富庶繁榮垂涎三尺。1240 年，日耳曼人沿魯卡河指揮而上，在距離諾夫哥羅德城僅 30 公里的地方築起要塞，伺機攻克這座城市。

大敵當前，形勢嚴峻，諾夫哥羅德城內的情況叫人沮喪。王公貴族驚惶失措，絕望悲觀，沒有一人敢於掛帥出征，抵抗

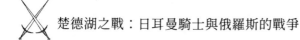

日耳曼人的進攻。城內的人民憤怒地要求市民會議請回隱居在外的王公亞歷山大‧涅夫斯基，率軍出征，抗擊日耳曼人。當市民會議的代表趕到亞歷山大的住處，請他回國掛帥出征時，亞歷山大毫不猶豫地同意了。

1241年春，亞歷山大回到了祖國諾夫哥羅德，人民熱烈地歡迎這位「希望之星。」亞歷山大果然不負眾望，很快就把諾夫哥羅德人、拉多加人、伊若爾人和卡累利阿人團結組織起來，建立聯軍，以迅雷不及掩耳之勢向日爾曼人發動猛攻。羅斯聯軍一連串的進攻如同秋風掃落葉一般席捲了日耳曼人的一個又一個占領地。

日耳曼人急急忙忙地在傑爾普特主教區召集了一支騎士團，於1242年初春踏上了征伐諾夫哥羅德的征程。

日耳曼這支浩浩蕩蕩的隊伍，前為重灌騎兵，後為鐵甲步兵，氣勢洶洶，殺氣騰騰。他們沿著崎嶇的山路悄悄靠近楚德湖，然後經過結冰的湖面取近道直奔諾夫哥羅德城下，以打羅斯人一個措手不及。這時候的日耳曼騎士，野蠻傲慢，蔑視一切。他們揚言：我們就是空手也能活捉亞歷山大公爵，羅斯人很快就會向我們求和。

亞歷山大也在密切地關注著日耳曼騎士們的行動，他派出一支偵察隊深入敵境，打探訊息。然而這支隊伍在執行任務時恰恰同日耳曼人大隊人馬相撞，大多數偵察員戰死。然而少數偵察員帶回來的訊息卻給亞歷山大帶來了好運。

形勢對亞歷山大是有利的。日耳曼騎士雖來勢洶洶，但卻因飢餓、寒冷而疲憊不堪。特別是他們對楚德湖具體情況不熟悉，而亞歷山大則對楚德湖瞭如指掌。

　　在楚德湖東岸，有一座小島，人稱烏鴉石島。島上有溫泉，春季這裡湖水較暖，岸邊結冰較薄。亞歷山大決定利用這一地理條件，搶在敵人前邊占領楚德湖東岸的有利地形，全力阻擊敵人，不準敵人登岸。這樣，日耳曼人的重灌騎兵必然會葬身於湖邊薄冰下的湖水之中。

　　作戰計劃制定後，亞歷山大即率領全軍一路奔跑著穿過荒蕪人煙的叢林、沼澤地，直插楚德湖東岸。

　　天氣異常寒冷，初春的寒風吹得人臉上一陣陣疼痛。但羅斯人個個頭上的熱氣像縷縷白霧在上升。他們連續行軍，疲憊不堪。但在深負重望的統帥鼓舞下，他們驍勇善戰的作風依然如故。他們敬重、崇拜亞歷山大。

　　亞歷山大終於搶在敵人前邊，在極為有利的地段占領了陣地。

　　不久，日耳曼騎士出現在湖面上，他們催馬揚鞭向東岸趕來。當他們發現亞歷山大已在岸邊嚴陣以待，堵住了他們前進的道路時，大吃一驚。但是這些驕橫狂妄的騎士們沒有退卻，而且立即在冰面上擺開戰鬥隊形，緊接著就氣勢洶洶地朝東岸撲來。他們約有 1.2 萬人。

　　日耳曼人慣於擺楔形陣，它很像豬嘴，因此羅斯人通常把

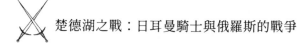

它稱作「豬嘴陣」。這種布陣的特點是中央兵力突出，兩翼兵力薄弱。陣勢的中央正前方是重灌騎兵，其後是手持長矛的步兵，兩翼和後衛由騎士保護。戰鬥時，楔尖可以直插敵方中央，使之斷為兩截，然後各個擊破。

亞歷山大多年與日耳曼人較量，深知這種布陣的弱點是兩翼兵力薄弱，極易受到攻擊。於是，他針鋒相對，採取了兩面夾擊的戰術。他手中的兵力有 1.7 萬人左右。他把兵力分為三部分，兩翼的兵力同中央的兵力人數相當，步兵列前，騎步兵殿後，中央的步兵前面還配備了輕騎兵。

4 月 11 日拂曉時分，日耳曼騎士團首先向亞歷山大的陣地發起了進攻，戰鬥打響了。日耳曼騎士的楔尖直插亞歷山大的中央陣地，羅斯人立即進行了頑強的阻擊，弓箭、石塊雨點般射向敵人。由於敵人身穿裝鐵甲，所殺不大。決不能讓敵人登陸！亞歷山大立即命令兩翼出擊，同時後隊逐漸合攏，完成了對日耳曼騎士的包圍。他們吶喊著向前衝去，手中高舉各式武器：長鉤、鐵斧、木木追、木棍。轉眼間這些武器就發揮了巨大的威力。還沒等敵人明白過來，已被重重地摔在冰面上。戰鬥變成了一場可怕的大屠殺，放眼望去，冰湖上的場面令人心悸。日耳曼騎士人仰馬翻，亂成一團。寒風陣陣，慘叫聲聲，鮮血染紅了冰面。包圍圈越收越緊，日耳曼騎士再也無法實施機動戰術，只好邊戰邊退，逐漸向一起靠攏。

在亞歷山大指揮下，羅斯人毫無懼色，越戰越勇，而日耳

曼人越戰越慌，逐漸被壓縮在一小塊狹窄的冰面上。只聽得一陣「咔嚓、咔嚓」的聲音，他們腳下的冰面突然斷裂了。在一片絕望痛苦的哀叫聲中，許多人掉進了冰水中，水面上只留下一串串氣泡。

那些逃出這一劫難的騎士們，已是丟盔棄甲，周身血跡斑斑。在失敗與死亡的恐懼壓迫下，他們向羅斯人繳械投降了。

冰上激戰是中世紀著名的戰役之一，是包圍敵人的典型範例。騎士軍在會戰中損失重大：約有 500 名騎士和數千名武士被斃俘。俄軍的勝利，在於其軍事組織上和戰術運用上巧妙地運用了步兵的優越，以及亞歷山大·涅夫斯基卓越的統帥藝術。善於利用地形，在選擇戰鬥隊形時考慮到了雙方軍隊的長處和弱點，在會戰過程中組織所屬部隊密切協同，並能對敵實施追擊。

俄軍在楚德湖上的勝利具有歷史意義，它遏制了德意志侵略者為征服俄羅斯領土並使其殖民化而對俄羅斯的侵犯，在許多年內保障了俄羅斯西部邊境的安全。1243 年，立沃尼亞騎士團求和，雙方以交換戰俘和騎士團不再繼續東侵為條件締結了和約。在冰上激戰的影響下，立陶宛和北方沿海地區各族人民反對十字軍騎士的戰爭得到了強化。

楚德湖之戰：日耳曼騎士與俄羅斯的戰爭

百年戰爭：
英法爭霸的長期拉鋸戰

　　自 1337 年至 1453 年，英法兩國先後進行了四個階段、長達 116 年的「百年戰爭」。英法先為王位繼承問題爭權奪利，屢開戰火，戰爭到後期演變為英國對法國的入侵，法國則被迫進行反入侵，由封建王朝的混戰而成為侵略與反侵略的戰爭，奧爾良的姑娘貞德也因反法侵略的不屈意志而流芳百世。

　　中世紀，英國諸王透過與法一系列聯姻，均成了法國諸王大片領地上的主要封臣。1346 年，英王愛德華三世終於提出要求享有全部法蘭西王國的繼承權。1328 年，法國卡佩王朝絕嗣，支裔華洛瓦家族的腓力六世繼位，英王愛德華三世以卡佩王朝前國王腓力四世外孫的資格，爭奪卡佩王朝繼承權。1337 年，愛德華三世稱王法蘭西，腓力六世則宣布收回英國在法境內的全部領土，派兵占領耶訥，戰爭遂起。

　　這場戰爭除王位繼承原因外，還為了爭奪在法境內富庶的佛蘭德斯和阿基坦地區。這個地區與英國有著密切的經濟聯絡。法國於 1328 年占領該地，英王愛德華三世遂下令禁止羊毛向該地出口。佛蘭德斯地區為了保持原料來源，轉而支援英國的反法政策，承認愛德華三世為法國國王和寺德爾的最高領主，使英法兩國矛盾進一步加深。這也是導致戰爭發生的一個

基本原因。這次戰爭分四個階段。

戰爭的第一階段（1337～1360年），英法雙方爭奪佛蘭德斯和阿基坦。在斯勒伊斯海戰（1340年）中，英海軍重創法海軍，奪得制海權。在1346年8月的克雷西會戰中，英軍又取得了陸上的優勢，並經11個月的圍攻占領了海岸要塞加來港（1347年）。將近10年的休戰之後，在普瓦捷戰役（1356年）中法軍再次被擊敗。英國人無限度地徵收苛捐雜稅和法國內部經濟的完全破壞，導致了法國人民的起義——馬賽領導的巴黎起義（1357～1358年）和札克雷起義（1358年）。法國被迫於1360年在布勒丁尼簽訂和約，和約條款極為苛刻，其中規定把從盧瓦爾河至庇里牛斯以南的領土割讓給英國。

戰爭的第二階段（1369～1380年），為了奪回英占領區，法王查理五世（1364～1380年在位）改編了軍隊，整頓了稅制。他用僱傭步兵取代部分騎士民團，並建立了野戰炮兵和新的艦隊。久格克連被任命為軍隊總司令（元帥），並擁有很大的權力。法軍採用突襲和游擊戰術，到70年代末已逐步迫使英軍退到沿海一帶。為了保住在法國的幾個沿海港埠和波爾多與巴榮訥間的部分地區，並鑑於國內形勢惡化，英國遂與法國簽訂停戰協定。

戰爭的第三階段（1415～1424年），法國因國內矛盾加劇（勃艮第派和阿曼雅克派兩個封建主集團發生內訌；農民和市民舉行新的起義）國力遭到削弱，英國乘機重啟戰端。1415年，

英軍在阿金庫爾戰役中擊敗法軍，並在與其結成同盟的勃艮第公爵的援助下占領法國北部，從而迫使法國於 1420 年 5 月 21 日在特魯瓦簽訂喪權辱國的和約。按照和約條款規定，法國淪為英法聯合王國的一部分。英王亨利五世宣布自己為法國攝政王，並有權在法王查理六世死後繼承法國王位。但是，查理六世和亨利五世於 1422 年都先後猝然死去。由於爭奪王位鬥爭（1422 ～ 1423 年）加劇，法國遭到侵略者的洗劫和瓜分，處境十分困難。捐稅和賠款沉重地壓在英占區的居民身上。因此，對法國來說，爭奪王位的戰爭已轉變為民族解放戰爭。

戰爭的第四階段（1424 ～ 1453 年），隨著百姓的參戰，游擊戰更加廣泛地展開（特別是在諾曼第）。領導這場戰爭的是貞德。戰爭的性質變了：就法國方面來說，是反抗英國侵略的正義戰爭；而英國方面則是進行侵略性的非正義戰爭。

貞德出生在法國北部香檳與洛林交界處的杜列米村，從小就開始了牧女的生活。艱苦的生活使她逐漸成為一個性格堅強、不怕困難、敢於戰鬥的少女。1428 年，她 3 次求見王太子，陳述她的救國大計。1429 年 4 月 27 日，王太子授予貞德以「戰爭總指揮」的頭銜。她全身甲冑，腰懸寶劍，捧著一面大旗，上面繡著「耶穌馬利亞」字樣，跨上戰馬，率領 3000 ～ 4000 人，向奧爾良進發。奧爾良已被英軍包圍達半年之久。貞德先從英軍圍城的薄弱環節發動猛烈進攻。英軍難以抵擋，四散逃竄。4 月 29 日晚 8 時，貞德騎著一匹白馬，在錦旗的前導下進入了

奧爾良，全城軍民燃著火炬來歡迎她。奧爾良解放的鐘聲敲響了！貞德率領士氣高昂的法軍，迅速攻克了聖羅普要塞、奧古斯丁要塞、托里斯要塞，敵人聞風喪膽，聽到貞德的名字就嚇得發抖。人們高唱讚美詩，歌頌貞德的戰功，稱她為「奧爾良姑娘」。5月8日，被英國包圍209天的奧爾良終於解了圍。奧爾良戰役的勝利，扭轉了法國在整個戰爭中的危難局面，從此戰爭朝著有利於法國的方向發展。接著，貞德又率軍收復了許多北方領土。貞德已經變成了「天使」，人們到處都在歌頌她，稱她是「聖人」。國王賜給她大量財帛和「貴族」稱號，她都拒絕接受，決心繼續完成解放法國的事業。

但是，宮廷貴族和查理七世的將軍們卻不滿意這位「平凡的農民丫頭」影響的擴大，他們害怕人民比害怕英國人還屬害，便蓄意謀害貞德。1430年在康邊城附近的戰鬥中，當貞德及其部隊被英軍所逼、撤退回城時，這些封建主把她關在城外，最後竟以4萬法郎將她賣給了英國人。貞德寧死不屈，她說：「為了法蘭西，我視死如歸！」1431年5月29日上午，貞德備受酷刑之後在盧昂城下被活活燒死，她的骨灰被投到塞納河中。死時，貞德還不滿20歲。貞德之死激起了法國人民極大的義憤和高度的愛國熱情，在人民運動的壓力下，法國當局對軍隊進行了整頓。1437年法軍攻取巴黎，1441年收復香檳，1450年奪回曼恩和諾曼第，1453年又收復阿基坦。1453年10月9日，英軍在波爾多投降，戰爭至此結束。

持續了 116 年之久的英法百年戰爭，給法國人民帶來了深重的災難，同時也促進了法國民族意識的覺醒。國王聯姻不僅不能解決長治久安問題，反而容易引起王位繼承權的爭奪和戰爭。民族女英雄貞德勇敢地捍衛民族利益，為了民族解放不惜犧牲自己的生命，喚醒了人民的民族意識，振奮了民族精神。民族戰爭的勝利，不僅使法國擺脫了侵略者的統治，而且還使法國人民團結起來，民族感情增強，國王受到了臣民的忠心支援，封建君主政體演變成封建君主專制政體，王權進一步加強了。戰後的英國，在經歷了一段內部的政治紛爭後，也建立起中央集權的君主專制國家。

　　在這次戰爭中，英國的僱傭軍優於法國的封建騎士民團，這促使法國第一次建立了常備僱傭軍。騎兵已失去了以往的作用。而步兵，特別是那些能夠成功地與騎兵一同作戰的弓箭手的作用得到了提高。火器在當時雖還抵不上弓和弩，但卻被越來越廣泛地運用到各種作戰中去。這些都對英法軍隊乃至西歐國家軍隊的建設產生了重要的影響。

百年戰爭：英法爭霸的長期拉鋸戰

格倫瓦爾德之戰：
中世紀歐洲的軍事轉折

　　偉大的戰爭指以條頓騎士團為一方和以波蘭王國、立陶宛大公國為另一方的戰爭。戰爭始於 1409 年 8 月 6 日，迄於 1411 年 7 月。這場戰爭是由於條頓騎士團覬覦波蘭和立陶宛邊疆領土，推行侵略和掠奪政策而引發的。騎士團的任務之一在於將羅馬天主教會的統治權力擴充到東歐。

　　「偉大的戰爭」爆發之前，波蘭王國和立陶宛大公國正實行結盟，原因之一就是兩國需要組織起來抵抗騎士團。1409 年 8 月 6 日，條頓騎士隊伍侵入波蘭和立陶宛國境，占領了一些邊防工事，但這並沒有決定戰爭的勝負。波蘭國王弗拉基斯拉夫二世雅哥洛（雅格洛）遂宣布實行平民起義（即全民武裝），與立陶宛大公國維陶塔斯商定進行聯合作戰。於 9 月攻占博德哥煦要塞。但作戰行動遲疑不決。1429 年初就簽訂了停戰協定。

　　早在 14 世紀末，立陶宛和波蘭簽訂「克列沃協定」，波蘭女王雅德維佳嫁給立陶宛國王雅蓋洛，雅蓋洛改稱弗拉迪斯拉夫二世擔任波蘭國王，兩個國家透過聯姻的形式合併。從此，波蘭「進入了它的光輝時期」。1410 年 7 月，雅蓋洛率領波蘭－立陶宛聯軍向馬連堡進發，準備消滅侵占波蘭領土的條頓騎士團。

　　條頓騎士團得到西歐各國封建國家的大力支援，到 1410 年

夏已建立起一支以重灌騎士和步兵為基礎的裝備良好和組織健全的軍隊。同騎士團結盟的是匈牙利國王西吉茲蒙德·盧森堡斯基。條頓騎士軍裝備有大炮，連同外國僱傭軍在內人數達到6萬人，這支軍隊由大首領烏爾里希·馮·客希海因指揮。作戰時，條頓軍呈四線隊形作戰，在最前面的是富有作戰經驗、裝備齊全的騎士。

波蘭軍由封建主的民軍和數量不多但裝備精良的僱傭軍部隊組成。各封建主遵照國王的指令自帶武器，率領隊伍到集合地點報到（所率隊伍的命名按封地大小而定）。騎兵和步兵混編成「雷魯格維」（平均500餘人）。立陶宛軍是按地區原則編組的，各國官兵來自何區（或公國），即以該地區名稱定名。波蘭－立陶宛軍隊中還有俄羅斯人、烏克蘭人、白俄羅斯人和捷克人組成的團。

波蘭－立陶宛軍通常編成三線的戰鬥隊形：第一線（前衛）的任務是頂住敵人的打擊，打亂敵人的戰鬥隊形；第二線（基本兵力）的任務是從縱深向前實施突擊，粉碎敵人的中央部分；第三線用作預備隊。

1409年～1410年冬，波蘭和立陶宛雙方在布列斯特－利夫斯克會商作戰計劃。規定波軍應於1410年夏季前在沃爾波爾日集中，立陶宛軍隊和俄軍在納雷夫河一帶集中，軍事行動開始後，聯軍應立即會合，向騎士團首都馬利恩堡（今馬爾波爾克）挺進。1410年夏，波蘭軍隊已擁有51個「雷魯格維」，其中有

俄羅軍隊 36 個「雷魯格維」。根據維託弗特大公和克里木王公達成的協議，有數千名韃靼騎兵參加立陶宛作戰。摩拉瓦與捷克騎士（其中包括後來成為胡斯黨領袖的頓來斯卡）也前來援助聯軍。聯軍總數達 6 萬餘人。

1410 年 7 月，決定勝利與否的關鍵戰役——格倫瓦德之戰開始了。

1410 年 7 月 14 日，聯軍來到了坦能堡附近的格維凡爾德，雅蓋洛下令全軍在此紮營休息。當夜，狂風大作，暴雨傾盆，閃電連連劃破夜空，霹靂滾滾，震耳欲聾。就在這時，國王雅蓋洛突然召集各路統帥開會。很快，立陶宛統帥威托特、波蘭王家元帥茲波希科和汗多「走在軍旗前面的人」——著名的騎士紛紛來到國王雅蓋洛的軍帳之中。原來聯軍正接近「敵占區」，雅蓋洛感到很快就會與條頓騎士相遇，所以召集總將領商議戰略對策。經過一番討論之後，決定為便於統一指揮把所有部隊合編成 91 個團隊，分成左中右三路呈戰鬥隊形，向前挺進。立陶宛統帥威託林率領立陶宛和俄羅斯團隊為右翼；雅蓋洛居中指揮主力；波蘭王家元帥茲比希科則統率波蘭，羅斯、捷克等團隊為左翼，布置完畢之後，各路指揮立即回營連夜冒雨做好人馬安排，隨時準備迎接戰鬥。

7 月 15 日清晨，暴雨停息，狂風依舊。聯軍各路人馬精神抖擻地開拔上路。整個聯軍以散兵線隊形向前挺進，前面是剽悍的騎兵，後面是馬車隊。當旗手們張開手中的軍旗時，極目

望去，田野上開滿萬紫千紅的軍旗之花。來自波蘭各省的團隊高擎著各自的軍旗，主教和貴族們組成的團隊走在他們之後。聯軍 3 萬多人馬像一股波濤翻滾的海浪向前湧去。

中午時分，經驗豐富的國王雅蓋洛讓軍隊保持戰鬥隊形暫時休息一下。這時，一個叫漢科·奧斯多希克的貴族，騎馬旋風似的飛馳而來，還沒來得及下馬他就高聲喊道：「最仁慈的君主！日耳曼人來了」。聽了這話，騎士們都大吃一驚，國王雅蓋洛的臉色也變了，他沉默了一會兒，馬上下令：「給我備馬，準備迎敵。」

這時候，騎士團大軍正在慢慢地從高地上下來。條頓騎士團大軍經過格倫瓦爾德、坦能堡，以戰鬥隊形駐在田野中。聯軍可以清楚地看到這一大隊密集的披著鐵甲的騎者和馬匹，就連條頓騎士團飄揚的旗幟上所繡的各種各樣的標記也看得十分清晰。

條頓騎士團從高地上俯視下面的森林地帶，只看見森林邊緣上有 20 來面波蘭軍旗，他們也不能斷定這是否就是全部波蘭軍隊。他們在大團長烏爾里西的率領下向波蘭軍逼近，他們的軍隊共 2.5 萬人。由德法等國的騎士和英國、瑞士等國的僱傭兵部隊組成，共 51 個旗連。條頓騎士團很相信自己的力量，根本沒有把聯軍放在眼裡。戰鬥未開始，他們就認為自己一定能夠獲得全勝，由於他們過分的自信和輕敵，從而為他們的失敗埋下了禍根。當一個騎兵報告烏爾里西說，雅蓋洛的兵力遠遠

超過他們的時候，烏爾里西輕蔑地回答道：「他們的人數雖然比我們多，可他們是劣等人，只要我們稍稍花一點兒氣力就可以打敗他們！」於是烏爾里西洋洋得意的指揮騎士團向森林方向前進。

雙方交戰後，聯軍右翼威托特首先出擊，將士們唱著戰歌逼近騎士團。這時，條頓騎士團的騎士像發了瘋似的，鬆開了韁繩，高舉斧劍，不顧一切地向聯軍殺去，把聯軍打到波蘭前鋒軍團附近。

波蘭前鋒軍團和右翼的威托特的部隊會合和條頓騎士團又奮戰了一個多小時，前鋒團則由波蘭最勇猛的騎士組成，他們個個手持長矛把條頓騎士團逼得步步後退，條頓騎士團的騎士被聯軍的勇敢嚇呆了，最後聯軍前鋒軍團的將士們像獅子趕野牛一樣把條頓騎士團趕回了高地。

與此同時，左翼 42 個波蘭團隊出其不意，攻其不備，採用靈活機動的戰略戰術把條頓騎士團巧妙地打得抱頭鼠竄，狼狽不堪。就這樣，神聖不可戰勝的條頓騎士團跪倒在聯軍的腳下。但由於聯軍行動欠果斷，相互配合不夠密切，騎士團才免於全軍覆沒。1411 年 2 月在託倫簽訂了和約。根據和約，條頓騎士團將所占領土地歸還波蘭和立陶宛，並賠償損失。

條頓騎士團在「偉大的戰爭」中的失敗，證明瞭在反侵略鬥爭中各國人民力量實行聯合的重要性。致使教會封建反動勢力遭到毀滅性打擊，為中歐各國人民的民族解放鬥爭創造了有利

條件。在戰爭中，身穿盔甲的重灌騎士無法抵擋以其步兵為基礎的敵軍。「偉大的戰爭」生動地證明，騎兵正在衰退，步兵又在興起。

胡斯戰爭：
信仰與自由的農民起義

　　捷克波希米亞戰爭又稱捷克農民戰爭，發生於 1419 － 1434 年，它是歐洲歷史上時間較長、影響深遠的一次農民戰爭。這次戰爭以捷克民族英雄胡斯的宗教改革為旗幟，以胡斯黨人為領導，故得名。它聯合著全體捷克人民要求剝奪天主教會掠奪的財富並限制其權力，給德國在捷克的努力以沉重地打擊，使捷克在一定時期內獲得獨立的政治地位。

　　西元 9 世紀末，捷克形成了一個獨立的國家。之後封建關係急劇發展，工業化發展速度很快，生產力不斷提高。耕地擴大，鐵犁普遍採用。手工業也興盛起來，農村中有麻織物、呢絨和其他手工業。鐵、鉛、錫、金、銀等金屬開採馳名歐洲。11 ～ 12 世紀，捷克出現了許多手工業和商業城市，布拉格逐漸成為國內的經濟中心，對外貿易也發展起來，從捷克向多瑙河上游、匈牙利、威尼斯等地輸出的有馬、牛、皮革、糧食、銀、麻布等。

　　捷克豐富的土地資源和礦藏，引來了德國封建主貪婪的目光和野心。12 － 13 世紀，德國人開始向捷克大規模移民。首先移入的是教士和僧侶。這些教士和僧侶很快把持了捷克教會和寺院的主要職位，廣占土地，幾乎達捷克耕地的一半。與此同

時，教會為鞏固和擴大勢力，從德國招引大批騎士，讓他們分享土地，役使捷克農民和來自德國的移民。捷克國王為了增加國庫收入，也讓大批德國商人和手工業者進入捷克，並許可建立各種自治城市，享有各種特權。德國人大量移民的結果，在捷克國內形成了一個德國教俗封建主、城市貴族和礦山主的特殊社會集團。他們和捷克大封建地主相勾結，共同剝削捷克人民。農民、城市平民，身受民族和階級的雙重壓迫，使他們「像流亡者一樣住在自己的國內」。

當時教會是最大的封建主和剝削者，教士的上層幾乎全是德國人，因此人們的仇恨首先指向教會。教會徵收沉重的什一稅。教皇透過教會大肆搜刮，把捷克當作教廷收入的主要來源。因此，從 14 世紀後期起，捷克人民掀起了一場浩大的反教會抗爭。在反教會運動中，出現了由捷克教士組成的革新派，他們用捷克語講道，揭露教會的罪惡。到 15 世紀初，運動的規模越來越大。領導這一運動的是捷克偉大的愛國志士、神學家、布拉格大學教授兼伯利恆教堂的傳教士約翰・胡斯（1369 － 1415 年）。胡斯出身於一個窮苦的家庭，他認為教會占有大量土地是一切罪惡的根源，主張沒收教會財產，收歸國有。他指責德國的高階教士說：在上帝的眼裡，一個有道德的窮苦農民和老婦人，比一個富有而有罪的主教高尚得多。他還揭露城市的德國貴族的罪惡。1412 年，教皇派人到捷克兜售贖罪券，胡斯公開抨擊，主張改革教會，否認教皇有最高權力。胡斯的言

行，引起了德國教士以及羅馬教廷的仇恨。胡斯被迫轉入農村進行反教會宣傳。1414 年。胡斯被召參加在康斯坦次舉行的宗教會議，並把他逮捕，於同年 7 月 6 日在康斯坦次廣場上以異端罪名把他焚死。皇帝西吉斯蒙德在胡斯赴會時，曾答應保證其安全，但這時卻坐視不救。

胡斯的殉道激起捷克人民極大的憤慨。1415 年 9 月，布拉格舉行多次集會，抗議教皇和皇帝的背信棄義，市民開始驅逐德國教士，並不顧康士坦茲會議的集會，實行俗人用酒杯領聖餐的宗教儀式。1417 年起，出現了消滅一切領主的口號。到 1419 年 7 月，大規模的農民戰爭在胡斯改革的旗幟下爆發了。

波希米亞戰爭擁有一支以塔博爾派為核心的常備軍，其軍隊主力是步兵，也有騎兵和炮兵。基本戰術單位是戰車，數十個車組編為一個「戰車隊」。步兵、騎兵與之協同作戰，炮兵擁有野炮和攻城炮，野戰部隊總人數為 4000 － 8000 人。戰鬥序列包括前衛部隊、主力和後衛部隊。火炮布置在戰車中間，步兵和騎兵隱蔽在工事內，戰車保護士兵不受那些在有利情況下下馬作戰的重騎兵的襲擊。胡斯黨人軍隊的戰術多半是進攻行動。主要戰役發生在以下幾個地方：在蘇多麥爾日（1420 年），400 名胡斯黨人擊退了 2000 名國王騎兵部隊；1420 年，在維特科夫山，由傑士卡率領的部隊，給西吉斯蒙德一世皇帝率領的捷克第一次十字軍遠征部隊以迎頭痛擊；1422 年，在庫特納－戈拉和涅梅茨卞－布羅德附近，第二次十字軍遠征部隊遭到了

決定性的失敗；1426 年，在烏斯提附近，塔博爾派 2.5 萬人擊敗了十字軍騎士部隊 7 萬人（第三次十字軍遠征部隊的主力）；在塔霍夫（1427 年）和多馬什裡茨（1431 年）附近，第四次和第五次十字軍遠征被擊退。波希米亞戰爭的影響波及德國，轟動了整個歐洲。

30 年代初，捷克發生了重大的社會變革，胡斯黨人分裂為聖盃派（溫和派）和塔博爾派（激進派）。經濟和政治上較穩固的聖盃派開始與封建天主教陣營勾結。貧民革命軍成了聖盃派前進道路上的障礙，市民階級和貴族公開背叛人民，其力量已占 3 倍優勢，遂於 1434 年的利帕內會戰中打敗塔博爾派。至此，波希米亞戰爭結束。

胡斯革命運動「即捷克民族為反對德國貴族和德意志皇帝的最高權力而進行的帶有宗教色彩的農民戰爭」。波希米亞戰爭雖然失敗了，但它比英、法等國的農民起義具有更大的規模。它對德國在捷克的勢力以沉重的打擊，保證了捷克在一定時期內脫離神聖羅馬帝國而獲得獨立的政治地位。如：皇帝承認胡斯教會的獨立，外人不得干涉捷克的宗教事務。同時，這次戰爭使得胡斯和塔博爾派的思想傳播到捷克鄰近各國以及整個歐洲，促進了這些國家 15、16 世紀反封建主義的高漲，推進了許多國家的宗教改革運動。如 16 世紀德國的宗教改革和農民戰爭，16 世紀初瑞士、法國、英國等宗教改革。

胡斯軍在軍隊建設和軍事學術方面有一定創新，比如：首

創車載兵和戰車工事對付敵重灌騎士騎兵；情況需要時，戰車相互聯結成各種戰車工事，保護士兵不受重灌騎士騎兵的襲擊；在野戰中大膽機動，勇猛進攻，並大量使用輕炮兵；集中使用兵力，重視各種協同動作等。這些在世界軍事史上都留下了重要一筆。

胡斯戰爭：信仰與自由的農民起義

玫瑰戰爭：
英國王位的內戰

　　英法百年戰爭之後，擁有自己武裝的英國各封建貴族都企圖掌握國家的最高統治權。分化為兩個集團的貴族，分別參加到金雀花王朝後裔的兩個王室家族內部的鬥爭。一方是以紅薔薇為標誌的蘭卡斯特家族；一方是以白薔薇為標誌的約克家族。為爭奪王位繼承權，自 1455 ～ 1485 年間，雙方共進行了長達30 年的戰爭，因這場戰爭以薔薇為標誌，薔薇又名玫瑰，故名「玫瑰戰爭」（又名「薔薇戰爭」），這場戰爭，也成了英國封建貴族的大葬禮。

　　1327 － 1377 年是英國歷史上金雀花王朝愛德華三世在位時期。1376 年長子愛德華死後，王位幾經更替，傳位於亨利六世。

　　英國在百年戰爭中的慘敗，不僅引起農民而且也引起富裕市民和新興中小貴族的不滿，因而爆發了農民起義。起義軍處死了一批罪大惡極的貪官汙吏，這嚇壞了新興中小貴族和富裕市民，他們寄希望於改朝換代，因而支援約克家族奪取政權。1455 年，亨利六世患病，約克家族的理查公爵被宣布為攝政王。蘭卡斯特家族對此不能容忍，依靠西北部大封建主的支援，廢除攝政，雙方的長期混戰從此開始。

　　1455 年 5 月，亨利六世下令在萊斯特召開諮議會。約克公

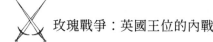

爵以自己赴會安全無保證為由，率領他的內侄、驍勇善戰的沃里克伯爵及數千名軍隊隨同前往。亨利六世在王后瑪格利特和執掌朝廷大權的索美塞特公爵的支援下，也率領一小股武裝赴會。5 月 22 日，雙方在聖阿爾朋斯鎮附近相遇。約克公爵於上午 10 時下令向搶先占據小鎮的亨利六世軍隊發起進攻。經數次衝鋒，亨利六世的軍隊招架不住，吃了敗仗，死亡約 100 人，亨利六世中箭負傷，藏在一個皮匠家中，戰鬥結束後被搜獲。

1460 年 7 月 10 日，雙方在北安普頓發生第二次戰鬥。結果又是沃里克伯爵率軍打敗了蘭卡斯特軍隊，隨軍的亨利六世再次被抓。這兩次勝利衝昏了約克公爵的頭腦，他未與親信貴族磋商就提出了王位要求，迫使亨利六世宣布他為攝政王和王位繼承人，這就意味著亨利六世的幼子失去了王位的繼承權。王后瑪格利特聞訊大怒，她從蘇格蘭借到一支人馬，集合了追隨蘭卡斯特家族的軍隊，在約克公爵的領地騷亂。約克公爵匆忙湊合一支幾百人的隊伍，前去征剿，由於輕敵冒進，被包圍在威克菲爾德城。12 月 30 日，在內外夾攻下的約克軍四散逃跑，約克公爵及其次子愛德蒙被殺死，約克公爵的首級被懸掛在約克城上示眾，並被譏諷地扣上紙糊的王冠。

約克公爵的長子愛德華於 1461 年 2 月 26 日進入倫敦。3 月 4 日，他在沃里克伯爵和倫敦上層市民的支援下自立為王，稱愛德華四世。他知道瑪格利特決不肯罷休，遂召集到一支部隊，向北進發，攻打瑪格利特。1461 年 3 月 29 日，雙方在約克城附

近展開決戰。蘭卡斯特軍隊有 2.2 萬餘人，遠遠超過了約克軍。當時蘭卡斯特軍隊處於逆風之中，撲面的風雪打得他們睜不開眼睛，射出的箭也發揮不出威力。而約克軍隊則借強勁的風力增加了弓箭射程，並蜂擁衝上山坡，使蘭卡斯特軍隊損失慘重。

蘭卡斯特軍隊為扭轉被動的防守局面，決定向山下的敵人發動反攻，雙方一直激戰到傍晚，仍然難分勝負。這時，約克軍隊的後續部隊趕到，這支生力軍向蘭卡斯特軍隊未設屏障的一側發動進攻。蘭卡斯特軍隊抵擋不住，被迫潰退，約克軍隊一直追殺到深夜。瑪格利特帶著亨利六世和少數隨從倉皇逃亡蘇格蘭。

這次戰役的勝利使愛德華四世的王位暫時得以鞏固。1465年，亨利六世再次被俘，被囚禁在倫敦塔中，瑪格利特只好攜幼子逃往法國。

玫瑰戰爭中這幾次大戰役，由於使用的都是當時特有的戰法，即雙方騎士乘馬或徒步進行單個分散的搏鬥，因而傷亡慘重。幾次交戰，雙方共損失 5.5 萬人以上，半數貴族和幾乎全部封建諸侯都死掉了。

在以後的戰爭過程中，約克派內部矛盾激化起來，最高統治權幾度易手，集中表現在愛德華四世和沃里克伯爵的鬥爭上。愛德華四世趁沃里克不在倫敦之際，召集一支部隊離開倫敦北行，他一面鎮壓北方叛亂，一面迅速擴軍。沃里克在愛德華的大軍面前不得不逃亡，投靠法王路易十一。不久，沃里克

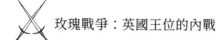

在路易十一的支援下，捲土重來，打回英國。這回輪到愛德華四世逃亡，他逃到尼德蘭，依附於他妹夫勃艮第公爵查理。

1471 年 3 月 12 日，愛德華四世利用英國人對沃里克普遍反感的情緒，親率軍隊與沃里克在倫敦以北的巴恩特決戰。愛德華四世共有 9000 人的軍隊，而沃里克卻有 2 萬人的軍隊，由於力量懸殊，愛德華四世決定先發制人。清晨 4 時許，他率軍在濃霧中發起攻擊。沃里克本人被殺，其部下戰死者達 1000 人。接著，在 5 月 4 日，愛德華四世又俘獲了從南部港口威第斯偷偷登陸的瑪格利特王后，將她和她的獨生幼子及許多蘭卡斯特貴族殺死。之後又秘密處死了囚禁的亨利六世。至此，蘭卡斯特家族被誅殺殆盡，只有遠親里奇蒙伯爵亨利·都鐸流亡法國，他聲稱自己是蘭卡斯特家族事業的繼承人。

1471 － 1483 年，英國國內恢復了和平，愛德華四世殘暴地懲治了不順從的大貴族。1483 年 4 月愛德華四世死後，其弟理查登上了王位，他也同樣使用殘酷和恐怖的手段處決不馴服的大貴族，沒收其領地。他的所作所為，反而促使蘭卡斯特和約克家族都聯合在蘭卡斯特家族的亨利·都鐸周圍來反對他。1485 年 8 月，理查與亨利·都鐸的 5000 人的軍隊激戰於英格蘭中部的博斯沃爾特。戰爭的緊要關頭，理查軍中的史坦利爵士率部 3000 人公開倒戈，約克軍遂告瓦解，理查三世戰死，從而結束了約克家族的統治。出身於族徽為紅玫瑰的蘭卡斯特家族的亨利·都鐸結束了玫瑰戰爭，登上了英國王位，稱亨利七

世。為緩和政治緊張局勢，他與愛德華四世的長女伊麗莎白（約克家族的繼承人）結婚後，將原兩大家族合為一個家族。

在這場長達三十餘年的「紅白玫瑰戰爭」中，蘭卡斯特家族和約克家族同歸於盡，大批封建舊貴族在互相殘殺中或陣亡或被處決，新興貴族和資產階級的力量在戰爭中迅速增長，併成了都鐸王朝新建立的君主專制政體的支柱。從這個意義上說，玫瑰戰爭是英國專制政體確立之前封建無政府狀態的最後一次戰爭。恩格斯說：「英國由於玫瑰戰爭消滅了上層貴族因此統一了。」對於英國歷史發展來說，這無疑是一件幸事。隨著政治的統一，各地區的經濟聯繫得到進一步強化，封建農業開始向資本主義農業轉變，導致英國農村出現了許多資本主義農場，出現了一批與資本主義密切聯絡的新貴族，他們把積累起來的資本直接或間接地投入工業，使得英國工業、手工業迅速發展。

玫瑰戰爭：英國王位的內戰

征服新世界：
西班牙對美洲的統治

　　爆發於 1492 ～ 1541 年間的西班牙征服美洲之戰，是繼哥倫布發現美洲大陸之後，西班牙殖民者開始對外擴張、掠奪戰爭，經過 50 年的武力征服，西班牙在美洲最終建立起了一個 20 多倍於西班牙本土的殖民帝國。

　　這場征服戰爭始於哥倫布航抵美洲，西印度群島最先遭到西班牙的蹂躪。1946 年，西班牙在海地島建立了西屬關注第一個殖民據點聖多明哥，之後開始向周圍的海島擴張，首要目標是古巴。1511 年，哥倫布的長子迪亞哥·哥倫布派其副手迪亞哥·維拉斯奎茲率領 300 名殖民者，入侵古巴。

　　維拉斯奎茲花了 3 年時間征服了整個古巴。滅絕人性的西班牙殖民者肆意屠殺印第安人，甚至用活著的印第安人去餵他們的警犬，但印第安人是寧死不屈的。1529 年 12 月，西班牙派遣大軍進山圍剿，起義失敗。維拉斯奎茲在古巴也實行監護制，驅使印第安人在礦場上和農田裡從事奴隸般的勞動，致使印第安人的死亡率十分驚人，至 1550 年，全古巴的印第安人幾乎消滅殆盡。

　　西班牙在征服古巴的前後，還征服了牙買加（1509）、波多黎各（1509）和巴哈巴群島（1513 年）。這些島上的印第安人的

命運同樣異常悲慘，幾遭絕跡。西印度群島就這樣被西班牙征服了。

對墨西哥的征服是與殖民者科爾特斯的名字聯絡在一起的。科爾特斯1485年生於西班牙的青德林城，其父是個很有地位的人。科爾特斯19歲離開西班牙，到新世界尋找財富，1504年遠航西班牙島（今聖多明哥），成為那裡的小農場主。1511年參加西班牙人征服古巴活動，遂與當時西班牙駐古巴總督維拉斯奎茲的妻子的妹妹結婚，後被任命為聖地亞哥市市長。

1518年，科爾特斯被選派率領探險隊前往墨西哥，這支探險隊於一個星期五在尤卡擔海岸登陸。上岸之後，科爾特斯在海岸附近逗留一些時間，收集有關墨西哥的形勢材料。在和當地印第安人發生衝突之後，科爾特斯得到了印第安親酋長獻出的二十幾名年輕的印第安女子，其中一個在接受基督教洗禮後取名瑪麗娜。瑪麗娜會說阿茲特克語和瑪雅語，後來又學會了西班牙語，為科爾特斯蒐集情報，對征服墨西哥發揮了很大作用。

1519年4月，科爾特斯率領船隊抵達阿茲特克王國境內的胡安·烏魯亞島。在離該島不遠的地方建立了一個殖民據點，然後決定進軍阿茲特克王國內地，士兵們對這次冒險感到不勝恐懼。為了表示有進無退的決心，科爾特斯下令燒掉所有船隻。

當時同阿茲特克敵對的托托納克人幻想借助西班牙殖民者的力量，擺脫阿茲特克人對他們的統治，科爾特斯乘機加以

離間，進一步加深了托托納克人與阿茲特克人的對立。然後於1519 年 8 月中旬，首先打敗了與阿茲特克人有世仇的特拉斯卡拉人。後者失敗後加入科爾特斯的隊伍，一道攻打茲特克人。科爾特斯繼續進軍都城特諾奇提特蘭，擊敗墨西哥國王蒙特蘇馬二世，生擒了這位國王。

1520 年 2 月，古巴總督見科爾特斯派遣納爾威斯率領 1300人在維拉克魯茲登陸，欲捉拿科爾特斯。科爾特斯主動出擊，粉碎了納爾威斯的進攻，並俘獲了納爾威斯，然後又將納爾威斯手下的人大部分爭取到自己一邊來。

之後，阿茲特克人又發動了幾次武裝，反抗均被科爾特斯打敗。從此墨西哥變成了西班牙的附屬國。

對南美大陸的征服是由殖民擴張者皮薩羅來完成的。皮薩羅是西班牙文盲冒險家，秘魯印加帝國的征服者。1475 年出於西班牙的特魯希利奧，他像科爾特斯一樣，為求名追利而奔赴新世界。1515 年參加巴爾沃亞領導的探險隊，發現了太平洋。1519 年任新建的巴拿馬市市長。皮薩羅 47 歲時，從一個西班牙探險者那裡得知有個印加帝國。他深為科爾特斯征服墨西哥的訊息所打動，決計打敗印加帝國。1524 ～ 1525 年，他進行了第一次嘗試，沒有成功。第二次遠征成功地到達秘魯海岸，帶回許多的東西和奴隸。

1528 年，皮薩羅返回西班牙。次年，西班牙國王許他前往征服秘魯，將之併入西班牙，併為此活動提供資助。皮薩羅回

巴拿馬後，組織人馬於 1531 年 1 月離開巴拿馬，向秘魯進發。

第二年，皮薩羅到達秘魯，僅帶著 177 人和 62 匹馬向印加帝國的卡哈馬卡城進發。皇帝身邊也有 4 萬士兵。皮薩羅設了個毒計欺騙阿塔瓦爾帕，請他前來會面，不要帶武器，士兵也不要帶武器。這樣，皮薩羅抓住黃金時機，下令向手無寸鐵計程車兵們發動突然襲擊，僅半小時，便將印加士兵全部擊潰。但保留了那個可憐皇帝的一條性命，藉以統治印加人民和掠奪金銀財寶。到 1538 年 8 月，西班牙完全征服了印加帝國後，皮薩羅才將阿塔瓦爾帕處死。之後，西班牙殖民者繼續向南美大陸擴張。1534 年征服了厄瓜多。1538 年征服了哥倫比亞，並侵入巴西境內，1541 年征服了智利。此後，又征服了委內端拉、阿根廷，巴拉圭和烏拉圭等地。至 16 世紀中葉，除巴西外，整個中美洲大都處於西班牙的統治之下。

西班牙經過跨世紀的武力征服，最終在美洲建立了一個龐大的殖民帝國，其幅員為西班牙本土的 20 多倍。透過對美洲的殖民掠奪，歐洲資本主義得到了飛速發展，而廣大美洲地區則處於被剝削、被奴役的落後境地。

義大利戰爭：
文藝復興時期的權力遊戲

　　為爭奪對亞平寧半島的霸權，自 1494 年到 1559 年，歐洲強國法國和西班牙在義大利領土上進行了長達半個多世紀的戰爭。它以法國對義大利的入侵開始，以西班牙獲得對意的控制權而告終。這場戰爭，破滅了法國南擴的美夢，加速了義大利自身的衰落。

　　義大利地處歐洲大陸南端，三面為美麗、溫暖的地中海碧波所環繞。優越的地理位置，使義大利的商業和貿易十分興旺。十字軍東侵以後，義大利幾乎壟斷了東西方貿易，威尼斯、熱那亞和佛羅倫斯等城市最先出現了資本主義萌芽。義大利的富饒和繁榮，美麗和文明，極大地吸引了歐洲強國的統治慾望，特別是法國和西班牙作為義大利的近鄰，更是對義大利垂涎三尺。

　　義大利本身的發展極不平衡，各地情況千差萬別。北部城市經濟比較發達，南部經濟落後，封建土地關係仍占主導地位，還存在農奴剝削。各城市之間競爭激烈，政體形式多樣，政治上四分五裂。實力較強的有米蘭、威尼斯、佛羅倫斯、那不勒斯和教皇國。它們各自為政，有各自的同盟關係，相互之間矛盾重重。這種一盤散沙的局面，是歐洲民族國家形成過程

中的必然階段，它為法國的入侵和強國之間爭奪義大利提供了很好的機會。

1494 年 1 月，那不勒斯國王斐迪南一世去世，法國國王查理八世宣稱繼承斐迪南一世的領地。8 月，查理八世率兵 3.7 萬人，野炮 136 門，越過阿爾卑斯山脈向那不勒斯開進，代表著義大利戰爭的開始。從 1494 年到 1559 年，義大利戰爭分為三個時期。

第一時期：1494 — 1504 年。這一時期的核心是法國爭奪那不勒斯王國。在義大利親法貴族的配合下，查理八世的軍隊穿越羅馬全境，經過米蘭公國和教皇國直逼那不勒斯。一路上沒有遇到各公國的認真抵抗。1495 年 1 月，查理八世接受羅馬教皇任命他為那不勒斯國王的授職書後，便於 2 月 23 日開進那不勒斯城，阿拉岡王朝國王弗蘭第諾驚惶出逃。查理八世自稱是「法蘭西、那不勒斯和君士坦丁堡的國王」。

然而，法軍的掠奪和暴行以及增收新稅激起了義大利人民的憤慨。義大利各國首腦害怕法國勢力的加強和發生全民起義，於是在 1495 年 3 月建立「神聖同盟」（也稱「威尼斯同盟」）以圖驅逐法軍。參加同盟的有威尼斯、米蘭公爵和羅馬教皇亞歷山大六世。「神聖羅馬帝國」（德意志）皇帝馬克西米利安一世和西班牙國王斐迪南二世也加入同盟。查理八世急忙從那江協斯北上，1495 年 7 月 6 日在福爾諾沃遭「神聖同盟」軍隊包圍，法軍戰敗。1496 年 12 月，法國撤出那不勒斯，但軍隊主力得

以儲存。查理八世的繼承者路易十二不甘心法國退出義大利，於 1499 年遠征米蘭公國。在 1499 － 1500 年幾次交戰中，法國先後獲勝，相繼占領料蘭和倫巴底。1500 年，法西兩國勾結占領了那不勒斯，推翻了阿拉岡王朝。根據條約，法西兩國軍隊共同占領那不勒斯。但 1503 年春，法西兩國因分贓不均爆發戰爭。1503 年 12 月 29 日的加里利亞諾河畔一戰，西軍獲勝，法軍被迫放棄那不勒斯王國，使其淪為西班牙領地。

第二時期：1509 － 1515。這一時期從「康布雷同盟」對威尼斯共和國發動戰爭開始。1508 年 12 月，由於威尼斯共和國借驅逐法國之機大肆擴張領土，所有反威尼斯的勢力聯合成立了「康布雷同盟」（成員包括西班牙、法國、羅馬教皇、「神聖羅馬帝國」），共同對威尼斯作戰。佛羅倫斯、費拉拉、曼圖亞及其他義大利國家也先後加入該同盟。1509 年 4 月，羅馬教皇禁止威尼斯做禮拜和舉行宗教儀式。同年春，法國出兵威尼斯，占領它在倫巴底的領地，在 5 月 14 日米蘭附近的阿尼亞代洛一戰，擊敗威尼斯軍隊，取得重大勝利。然而法國勢力在義大利西北部的壯大又引起力量的重新組合。1511 年 10 月，威尼斯、羅馬教皇、西班牙、英國和瑞士組成的西班牙軍隊。但是，由於政治形勢的逆轉，「神聖羅馬帝國」皇帝從法軍召回德國僱傭兵、瑞士僱傭兵轉而投向威尼斯，法軍被迫退卻，並於 1512 年底放棄倫巴底。

法蘭西斯一世繼位後，又準備大舉侵略義大利。他於 1515

年9月在距米蘭17公里處的馬里尼亞諾擊潰米蘭公爵的瑞士僱傭軍，奪走米蘭公國。1516年8月，法西兩國簽訂《努瓦永和約》，把米蘭和那不勒斯分別劃歸法國和西班牙。教皇也於1516年底同法蘭西斯一世簽訂教務專約，承認法對米蘭、帕爾馬、皮亞琴察的占領。1517年，法、西和「神聖羅馬帝國」締結《康布雷條約》，肯定了法國在義大利的既得利益和優勢地位。然而，爭霸戰爭不會就此結束。

第三時期：1521－1559年。這一時期以1519年西班牙國王查理一世當選為「神聖羅馬帝國」皇帝（即查理五世）後，法、西瓜分義大利的戰爭為代表。這一時期共爆發6次戰爭，被捲入的有羅馬教皇、威尼斯、瑞士、英國和土耳其。查理五世力圖把法軍趕出義大利，他得到英國、羅馬教皇、曼圖亞和佛羅倫斯等國的支援，威尼斯則是法國的同盟軍。1521年戰爭爆發，1522年法軍在比科卡戰中失利，德國僱傭軍打敗了擔任法軍突擊力量的瑞士僱傭軍。1525年2月的帕維亞一戰，法軍慘敗，法皇被俘。1526年，法皇法蘭西斯一世回國後立即加入羅馬教皇在英國支援下建立的旨在使義大利擺脫西班牙桎梏的「科尼亞克同盟」，參加同盟的還有威尼斯、米蘭和佛羅倫斯。1527年，戰爭再度爆發，雙方各有勝負。

1529年，法國在不利形勢面前被迫與查理五世簽訂和約並放棄對義大利的主權要求。7年過後，法蘭西斯一世再次挑起戰爭，占領了皮埃蒙特和薩伏依。1538年，法國和「神聖羅巴帝國」

簽訂為期 10 年的停戰協定。法國同丹麥、瑞典、鄂圖曼帝國結盟，查理五世與英國結盟。法軍先後占領威尼斯和馬里尼亞諾，但查理五世卻攻入法國境內。雙方於 1544 年簽訂《克雷普和約》。1551 年再度爆發義大利戰爭，交戰雙方互有勝負，誰也不占明顯優勢。1559 年 4 月，法西締結《卡託－康布雷西和約》，正式結束了法國對義大利的爭奪，西班牙在米蘭公國、那不勒斯王國、西西里和薩丁的統治得以鞏固，義大利的分裂局面依然繼續。

義大利戰爭是一場法、西霸權爭奪戰，是中世紀歐洲封建王國領土擴張戰爭的繼續。它不是一場進步和正義性質的戰爭。它經歷了幾代國王，持續 65 年之久。它促進了法國中央集權制度的鞏固和經濟調整。鑄炮業、造船業、印刷業、採礦業等日益興旺，度量衡得到統一，稅收制度得以建立，是龐大而有效的官僚機構在法國形成。發端於路易十一時代的法國專制君主制禁受住了長期戰爭的考驗，這從客觀上有利於法國政治、經濟和軍事的發展。

與此相對應的是，長期的戰爭使義大利更加分裂，經濟發展受到嚴重破壞。到 17 世紀，義大利的經濟特別是手工業進一步衰落。義大利的資本主義萌芽也隨之日趨枯萎。

義大利戰爭體現了中世紀歐洲封建王朝戰爭的特點：為領土和財富而隨時發動戰爭；戰爭各方利益關係複雜，敵友關係變幻莫測；只以對方軍隊為攻擊目標，只求征服對方，不打殲滅戰，等等。

義大利戰爭：文藝復興時期的權力遊戲

鄂圖曼與薩非：
中東霸權的百年爭奪

　　16～18世紀的伊土戰爭，是奉遜尼派為國教的鄂圖曼土耳其帝國和以什葉派為國教的伊朗薩非王朝為爭奪阿拉伊拉克、庫德斯坦和外高加索，控制歐亞兩洲間重要戰略和貿易交通線而進行的、長達200餘年的掠奪性戰爭。戰爭的結果是兩敗俱傷，加速了西亞古文明的衰落。

　　鄂圖曼土耳其帝國和薩非王朝的伊朗都信奉伊斯蘭教，是中世紀西亞地區的兩個大帝國，但由於派別不同，爭奪宗教統治權和爭奪兩河流域領土的鬥爭十分激烈。薩非王朝奉什葉派為國教，土耳其則信奉遜尼派。在土耳其帝國內部有許多什葉派教徒，薩非王朝利用自己的代理人在安納託利亞四處活動，鼓動叛亂反對遜尼派鄂圖曼人的統治，對土耳其構成威脅。1513年，土耳其蘇丹塞利姆一世殘酷鎮壓了什葉派教徒的叛亂，屠殺5萬之眾，並乘機對伊朗的薩非王朝發動了戰爭。

　　長達200餘年的伊土戰爭共分三個時期。第一時期從1514－1555年。1514年8月23日，鄂圖曼軍隊在查爾迪蘭（南亞塞拜然）與8萬波斯騎兵展開決戰。土耳其部隊不僅有步兵、騎兵，還有強大的炮兵，伊朗部隊則主要是裝備馬刀和長予的騎兵。伊朗軍隊以逸待勞，但軍事上不占優勢。使用滑膛槍的

土耳其耶尼切里兵團在大炮配合下摧毀了伊軍抵抗，擊敗了沙赫伊思邁爾一世，占領了伊朗首都大不里士。1515 年科奇希薩爾一戰，伊朗軍隊再次敗北，土耳其炮發揮了決定性作用。到 1516 年，塞利姆已占領了西亞美尼亞、庫德斯坦和包括摩蘇爾在內的北美索不達米亞。1516 － 1517 年，土耳其又占領了敘利亞、黎巴嫩、巴勒斯坦、埃及、希賈茲和阿爾及利亞部分領土。1533 年，蘇萊曼一世在與奧地利簽訂和約使其北翼安全得到保障之後又對伊朗開戰。1536 年，土耳其占領了喬治亞西南的部分領土。這裡是伊土兩國爭奪外高加索和美索不達米亞統治地位的主要戰場。伊朗軍隊有了自己的炮兵之後，雙方的戰爭互有勝負。1555 年 5 月，兩國在阿馬西亞城締結和約，伊朗保有所占外高加索領土，土耳其則把阿拉伯伊拉克併入自己的版圖。兩國平分了喬治亞和亞美尼亞，確認卡爾斯城區為中立區。

　　伊土戰爭第二時期從 1578 年起，延續近半個世紀。土耳其乘伊朗薩非王朝內訌之機再次進攻伊朗。1578 年，擁有克里木諸可汗強大軍隊支援土軍撕毀 1555 年和約，開進外高加索境內，占領南喬治亞的部分土地。8 月 10 日，伊朗沙赫軍隊在徹爾德爾附近被擊潰，土軍侵入東喬治亞和東亞美尼亞，爾後進入北亞塞拜然並占領希爾萬。1579 年起，土軍同克里木可汗軍隊（10 萬人）聯合作戰，奪取整個亞塞拜然和伊朗西部地區。

　　阿拔斯一世被迫 1590 年 3 月，與鄂圖曼土耳其帝國簽訂了屈辱性的《伊斯坦堡和約》。根據條約，伊朗幾乎把整個外高加

索和盧里斯坦、庫德斯坦大部領土都割讓給了鄂圖曼帝國。

16、17 世紀之交，阿拔斯一世紀進行了軍事改革，組建了一支由火槍兵軍（1.2 萬人）和騎兵軍（1 萬人）組成的常備軍，成立炮兵教練場和炮兵部隊。大力擴軍之後，阿拔斯一世的軍隊達到 30 萬人。為準備對鄂圖曼土耳其的戰爭，爭取主動地位，伊朗還同土耳其的敵人俄國和歐洲一些國家建立了外交關係。1602 年，阿拔斯一改一個世紀以來的被動防禦地位，第一次主動對土耳其發動了戰爭。由於軍隊體制沒有作出相應改革，土耳其面對伊朗的攻勢有些力不能支。1603 － 1604 年，伊軍在蘇菲安附近的數次交戰中打敗了土軍，攻占並洗劫了大不里士、納希切凡等城市，把 30 餘萬亞美尼亞人遷往伊朗境內。1602 － 1612 的 10 年戰爭，伊朗大獲全勝，1613 年 11 月簽訂的《伊斯坦堡和約》肯定了伊朗的全部成果。

土耳其對該條約心懷不滿，遂於 1616 年對伊朗採取報復行動，但在 3 年的戰爭中再遭敗績，1618 年的《薩拉卜和約》重申了《伊斯坦堡和約》的內容。伊朗乘戰爭獲勝之機大大擴充了自己的領土，遂準備進行新的戰爭。1623 年，伊朗軍隊入侵阿拉伯拉克，引發了 1623 － 1639 年戰爭。阿拔斯一世趁伊拉克人民反對土耳其蘇丹穆斯塔法一世統治舉行起義之機，興兵攻占巴格達，繼之占領了整個阿拉伯伊拉克。

蘇丹穆斯塔法四世在位期間（1623 － 1640 年），1625 年，土耳其占領了阿哈爾齊赫，從伊朗手中奪得了薩姆茨赫 - 薩塔

巴戈公國，並將它變為自己的一個省。土軍還進犯了亞美尼亞和亞塞拜然，占領了北美索不達米亞和摩蘇爾，但圍攻巴格達 9 個月未能成功。1630 年，土軍轉戰外高加索和伊朗西部，洗劫哈馬丹城，全城居民均遭屠殺。1639 年 5 月，伊土簽訂《席林堡（佐哈布）條約》。伊土邊界保持現狀，但阿拉伯伊拉克劃歸土耳其。

伊土戰爭第三時期始於 18 世紀初，土耳其蘇丹艾哈邁德又對伊朗發動戰爭。1723 年春，土軍乘薩非王朝崩潰之機侵入外高加索，相繼占領第比利斯、整個東喬治亞、東亞美尼亞和亞塞拜然。同時，土軍還征服了伊朗西部的盧里斯坦省。1724 年 6 月，俄土《君士坦丁堡條約》在伊斯坦堡簽訂。條約規定，1723 年俄伊彼得堡條約列舉的裏海沿岸所有地區轉歸俄國，外高加索其餘地區、伊朗西部和克爾曼沙赫、哈馬丹兩城轉歸土耳其。

強占大片領土的土耳其仍感不足，在 1725 年，又進軍伊朗東部並攻占加茲溫。1730 年，伊朗的實權人物納迪爾率軍打敗土軍的進攻，並將其驅逐出哈馬丹、克爾曼沙赫和南亞塞拜然。塔赫馬斯普二世為提高個人聲望，令納迪爾鎮壓阿富汗阿布達利部施拉桑起義，自己親征土耳其，但在 1731 年的哈馬丹城下一戰被土軍擊敗。1732 年，他被迫承認土侵占的阿拉斯河以北外高加索永久歸屬土耳其。1732 年，納迪爾推翻塔赫馬斯普二世，並與俄國簽訂《萊什特條約》（1732 年），答應肅清外高加索土軍後把庫拉河以北歸還俄羅斯，以換回吉蘭省。1735 年

6 月，納迪爾率 7 萬大軍在卡爾斯城下打敗了 8 萬土軍。1736 年，納迪爾即伊朗沙赫王位，著手改組軍隊，擴大軍隊數量和改善裝備，特別注重發展炮兵。他的軍隊近代化計劃得到法軍事專家的幫助。薩非伊朗重新統一穩定之後，納迪爾沙赫為奪回土耳其控制的阿拉伯伊拉克和外高加索，於 1743 年對土再次發動戰爭。3 年的伊土戰爭未分勝負。

16 － 18 世紀的伊土戰爭除各族人民遭到大批屠殺外，任何一方均未獲勝。戰爭阻礙了兩國生產力的發展，加速了這些落後民族和多部族鬆散聯合而成的封建國家的崩潰。這場長達 200 餘年的戰爭是伊斯蘭教兩大封建國家為爭霸中東而進行的掠奪性戰爭，因此在被征服的各族人民中間不斷激起民族解放運動和反封建鬥爭，而雙方又對這種矛盾和鬥爭加以利用，以達到自己的目的。在外高加索各族人民的命運中，伊土戰爭是他們許多世紀的歷史上苦難最深重的時期。伊朗和土耳其在血腥的戰爭中兩敗俱傷，日益淪為正致力於在中近東建立霸權的英法兩國的殖民地。

伊土戰爭的時間雖長，但軍事學術上卻無甚發展。雙方軍隊的主要型別是封建民軍，主要兵種是裝備予、盾、馬刀、弓箭、短劍和火槍（16 世紀末開始裝備）的正規騎兵和非正規騎兵，其中前者是軍中的快速機動部隊。

鄂圖曼與薩非：中東霸權的百年爭奪

海疆之護：
中國東南沿海的抗外歷史

　　抗倭戰爭 1546 ～ 1565 年在中國東南沿海發生的抗倭戰爭，歷時 19 年，以戚繼光為首的明軍，屢次挫敗由日本武士和商人組成的倭寇，成為中國最早的海上反入侵戰爭，為海防鬥爭提供了許多非常寶貴的經驗。

　　日本與中國是隔海相望的近鄰，自秦漢起，就有了較多的來往。明初朝廷努力改善中日關係，但日本仍以元師征日的舊恨為言，不肯為明修好。由於兩國外交關係不正常，日本的一些武士和商人便攜帶武器，到中國沿海進行走私和搶劫活動，這些日本海盜被稱為「倭寇」。但由於海防較鞏固，倭寇的侵擾難成大勢。特別是明成祖能夠一面允許日本政府和商人到中國貿易，同時又繼續加強海防，經常派兵出海巡捕倭寇，使其不敢大規模侵擾我沿海地區。

　　但從 1436 年以後，明政治日趨腐敗，特別是自嘉靖 21 年（1524 年）後，宰相嚴嵩專權 20 多年。他結黨營私，兼併土地，聚斂財富，邊餉十分之六落入其手，致使海防廢弛。他還包庇通倭的官將，陷害抗倭的督臣，接受同倭寇勾結的大奸商的賄賂。這就更加助長了倭寇的侵擾。一部分流民亡命海島，也被倭寇所利用。同時，由於海外貿易的發展，一些商人，特別是

浙江的一些富商，不顧國家、民族的利益，通倭走私，劫掠於沿海一帶地區。

明中葉以後，屯衛制度逐漸敗壞，衛所官兵大量缺額。1449 年時，「五軍都督府並錦衣等衛官旗軍人等 3258173 名，實有 1624590 名（《水東日記》卷二十二，《府衛官旗軍人數》）。缺額已在百分之五十以上。1550 年，蒙軍突入長城，京師形勢危急。明軍主力部署在北京及長城一線，沿海防務更加空虛，缺額更為嚴重。如浙江金等五衛，平均每衛只有 1104 人，只占原額的百分之二十左右。沿海的戰船敝敗尤為嚴重，「戰船、哨船，十存一二」（《明史》卷十百五《朱紈傳》）。不僅如此，就是尚存的官兵，也皆老弱之輩，市井遊民無業之徒；軍官多是世冑紈綺，不嫺軍旅之人。在這樣的情況下，倭寇的侵擾不僅頻繁，而且規模也愈來愈大。自 1553 － 1556 年，富饒的浙江沿海一帶幾乎月月受到倭寇的侵擾（參見陳懋恆：《明代倭寇考略》）。人民慘遭殺戮不下數萬人。虜獲男丁，戰則強令作為先驅；女婦被掠，盡遭蹂躪。金銀財物為之搶光，城鎮房屋燒燬殆盡，嚴重地威脅我國東南沿海人民的生命財產，妨礙了當地社會經濟的發展。倭寇的暴行激起中國沿海軍民的強烈反抗。」

1546 年，明政府任命朱紈為浙江巡撫，督浙閩海防軍務。朱紈積極整頓海防，訓練軍隊，並捕殺通倭的海盜頭目李光頭等 96 人。浙閩豪紳地主指使在朝閩浙官員「劾紈擅殺」（《明史》卷二〇五，《朱紈傳》），朱紈含冤自殺。自此「舶主土豪益自

喜，為奸日甚，官司莫敢禁」（《明史紀事本末》卷五五，《沿海倭亂》）。倭寇的氣焰更加囂張。1555 年 4 月底，2 萬餘名倭寇一從枯從出犯嘉興，張經即命參將盧鏜率部設伏截擊，殲其一部。五月初，倭寇奔回王江涇（今浙江嘉興北），盧鏜部截擊於前，俞大猷部追擊於後，湯克寬率水師進擊於中，附近的民兵也趕來參戰，大敗倭寇。戰鬥結束後，張經卻因嵩親信爪牙趙文華的誣陷，被逮捕處死。此後，倭寇又復猖獗，一直到愛國將領戚繼光調至浙江，編練一支新軍之後，東南沿海的抗倭鬥爭才出現新的轉機。

戚繼光（1528 － 1588）在嘉靖 24 年秋由山東調至浙江都司任僉書，翌年升為參將。1559 年 9 月，他親至義烏招募 4000 多人，組成一支以農民和礦夫為主的新軍。戚繼光對這支新軍進行了嚴格的訓練。強調軍隊的職責是「保障生民，捍禦地方」（《紀效新書》〈十八卷本〉卷首，《新任如金嚴請任事公移》），要他們學習岳家軍「精忠報國」和「凍死不拆屋，餓死不擄掠」的精神，嚴禁士兵侵犯百姓利益、殺害戰俘等。他強調要使士兵「平日所學的號令營藝，都是照臨陣的一般」，不學那些「徒支虛架，以圖人前美觀」（《紀效新書》〈十八卷本〉卷六，《比較篇》）的「花法」。為此，戚繼光根據實戰的需要，規定各種兵器的使用方法，從而大大提高了戰鬥力。

1560 年 3 月，戚繼光調整部署，確立實行（海）陸戰兼用而以陸戰為主的戰略部署，並大力整頓衛所，加強海上防務。

1561 年 4 月 19 日，16 艘倭船由象山至奉化西鳳嶺登陸，竄擾寧海團前，然後分兵 3 路進犯臺州（今浙江臨海）。戚繼光看到新河寇急而寧海寇多，決定由唐堯臣率領戍守海門、台州的軍隊救援新河，自己親率主力進剿寧海的倭寇。唐堯臣在新河大敗倭寇，寧海倭寇風聞戚繼光率部進剿，紛紛逃竄，但騷擾桃渚的倭寇仍殺向精進寺，企圖進犯臺州府城。戚繼光揮師南下，於 27 日下午趕到台州城外，在花街截擊敵人，「五戰五勝」，共斬首 380 級，生擒巨酋二，俘其漂溺無算（《戚少保年譜耆編》）。不久，戚家軍又取得長沙（今浙江溫嶺縣東南）大捷。經過一個月的戰鬥，侵犯臺州之寇悉被殲滅，戚繼光因功升任都指揮使。與此同時，總兵官盧鏜、參將牛天錫等也在寧波、溫州一帶大敗倭寇，浙江的倭患被基本平息。

倭寇在浙江遭到毀滅性打擊後，紛紛逃竄福建。1562 年 7 月，明廷命戚繼光率所部 6000 人入閩剿倭，屢敗倭寇。至 10 月初，「閩宿寇幾尺」（《明史》卷二一二，《戚繼光傳》）。

戚繼光回浙後，倭寇又陸續竄擾福建，襲破興化府城，並占據平海衛。1563 年春，戚繼光再次到義烏募兵，馳援福建。3 月，戚繼光與劉顯、俞大猷率兵 3 路進擊，一舉攻破平海衛，趕走倭寇。11 月，2 萬倭寇圍攻仙遊。戚繼光聞訊，即派兵增援仙遊守軍，從浙江調回 6000 名輪休官兵，於 12 月底揮師進剿，連破四壘，予倭寇以沉重打擊，解了仙遊之圍。第二年初，戚家軍再乘勝進軍閩南，又在同安、漳浦等地大敗倭寇。

隨後 2 萬倭寇在廣東潮州一帶騷擾。1564 年，俞大猷率領由招募的農民組成的俞家軍，同其他部隊相配合，很快就平定廣東的倭患。第二年，中國人民取得了抗倭鬥爭的最後勝利。

明朝抗倭戰爭，是中國歷史上第一次大規模反對外敵從海上入侵的戰爭。它有效地打擊了倭寇，保衛了中國東南沿海人民生命財產的安全，使遭到破壞的沿海地區的社會經濟得到恢復和發展。透過 10 多年對倭寇的連續打擊，消滅了其力量，震懾了日本的浪人和武士，對保衛中國海防顯然具有重大意義。

然而，由於海洋權益還沒有劃定，在資本主義開始興起的時代，由通商、掠奪引起的衝突乃至戰爭是不可避免的。就是說，這一次戰爭，並不意味著我海防鬥爭的徹底勝利，相反，它表明我海防鬥爭已進入了一個新的歷史階段。搶占海洋島嶼，奪取海洋資源，爭奪海洋主權，即將成為沿海國家鬥爭的焦點之一。它強烈地召喚著海洋意識，呼喚著掌握海洋權益的意義，疾呼著加強海防建設的重要性。

明抗倭戰爭，是中國最早反對從海上入侵的戰爭，因而為海防鬥爭提供了許多非常重要的經驗。諸如：平時必須加強海防建設，發展海上兵器，建設一支能攻善守的海岸部隊。

荷蘭獨立戰爭：
自由與貿易的先鋒

　　荷蘭獨立戰爭就是尼德蘭在 1566 － 1609 年間發生的資產階級革命。這既是一場以資產階級為代表的進步力量反對封建制度的革命，又是一次尼德蘭反對西班牙殖民統治，爭取民族獨立的民族解放戰爭。戰爭以荷蘭建立起第一個資產階級共和國而告終，這對世界歷史程式起了積極的推動作用。

　　尼德蘭意為「低地」，指中世紀歐洲西北部源於萊茵河、默茲河、斯海爾德河下游以及北海沿岸的地區，包括今天的荷蘭、比利時、盧森堡三國和法國北部的一小部分。尼德蘭古代曾由羅馬統治，中世紀初期成為法蘭克王國和查理曼帝國的組成部分。11 － 14 世紀，尼德蘭分裂成許多封建領地，多隸屬於神聖羅馬帝國和法國。14 世紀至 16 世紀中期，透過中世紀的王朝婚姻關係和王位繼承，尼德蘭成為西班牙的一部分。

　　尼德蘭的資本主義經濟發展較早、成長較快，製造呢絨、絲綢、亞麻布、地毯、肥皂、玻璃器皿、皮革和金屬製品的手工工場迅速發展。布魯日、安特衛普成為重要的貿易、商業和國際信貸中心。安特衛普有 1000 多個外國銀行和商號的分支機構，還成立了商品交易所和證券交易所，港內可同時停泊 2000 餘艘船隻。佛蘭德斯和布拉班特的農村中，農民分地改為短期

租地，富裕的市民和部分佃農購買貴族土地經營農場，採取封建或者半封建的剝削方式。尼德蘭北方最發達的省份是荷蘭和澤蘭。16 世紀，這些地區的毛紡織業、漁業、造船、制繩、制帆等行業已多採用資本主義方式經營。代爾夫特、多德雷梅特等城市的啤酒商人透過借貸契約和預付貨款的辦法把農民變成自己的剝削物件。阿姆斯特丹逐漸壟斷了波羅的海上貿易。北方農村的封建關係一向薄弱，很快出現了貴族改用資本主義方式經營土地的現象。

尼德蘭資本主義發展的主要障礙是西班牙封建專制缺席的壓迫和束縛。西班牙國庫收入的一半來自尼德蘭。腓力二世透過拒付國債、提高西班牙羊毛出口稅、限制尼德蘭商人進入西班牙港口、禁止他們與西屬地貿易等辦法扼制資本主義經濟，造成手工工場倒閉、工人失業。西班牙專制的另一表現形式是教會迫害。查理一世曾在尼德蘭設立宗教裁判所，頒布「血腥詔令」，殘酷迫害新教徒。腓力二世加強教會權力，命令尼德蘭總督一切重大事務所從教會首領格倫維爾的意見，並且拒絕從尼德蘭各地撤走西班牙軍隊。

面對西班牙的專制統治和宗教迫害，以宗教鬥爭為先導的尼德蘭民眾反封建鬥爭逐步高漲。激進的加爾文教會要求貴族們「繼續前進」。至此，貴族中的激進派加入到加爾文教會和革命群眾的行列，一場大的革命風暴即將來臨。

1566 年 8 月，以制帽工人馬特為首的激進群眾掀起了自發

的「破壞聖像運動」。安特衛普、瓦朗西安爆發了起義，大批手工工場工人、農民和革命的資產階級分子組織起名為「森林乞丐」和「海上乞丐」的游擊隊，神出鬼沒地襲擊西班牙軍隊。1569 年，奧倫治親王從國外組織一支僱傭軍進行了有限的戰鬥。1572 年 4 月，尼德蘭北方各省普遍發動起義，將西班牙軍隊驅逐出境，到 1578 年幾乎整個荷蘭和澤蘭都獲得了獨立。最重要的幾次戰役是哈倫保衛戰（1572 年 12 月－1573 年 10 月－1574 年 10 月）以及阿姆斯特丹驅逐西班牙人的戰役（1578 年）。1576 年 9 月 4 日，布魯塞爾舉行起義，西班牙在南方的統治也被推翻。

哈勒姆保衛戰，全體居民奮起自衛，同仇敵愾，給西軍造成重大傷亡，但終因彈盡糧絕而陷落。阿爾克馬爾保衛戰，使西軍付出沉重代價，最終棄城撤軍。萊頓保衛戰，市民堅持數月之久，甚至在糧絕之時仍拒不投降，直到「海上乞丐」游擊隊水淹西軍，西班牙軍隊倉皇逃竄⋯⋯

1576 年 10 月，全尼德蘭的三級會議在根特召開，三級會議對西班牙採取妥協態度，使得尼德蘭各地，反西鬥爭之火又熊熊燃燒起來。1577 年，南方革命的勝利果實落入奧倫治親王手裡。他堅持用妥協的辦法統一全國，依靠僱傭軍，反對武裝的人民群眾為基礎建立革命軍隊。結果是封建勢力和資產階級保守勢力壓制、排斥和打擊革命勢力，積極的革命分子（資產階級激進派人士、手工業者、熟練工人等）大批遷入北方。

1580 年 1 月，荷蘭、澤蘭等 10 多個省的代表在烏得勒支締結「烏得勒支同盟」，宣布聯合行動，並制定共同的軍事和外交政策。5 月，奧倫治親王威廉也在盟約上簽字。次年，格羅寧根等幾個省和地區也加入同盟。1581 年 7 月 26 日，烏得勒支同盟的三級會議正式透過《誓絕法案》，廢黜腓力二世，宣布脫離西班牙獨立。新組成的國家稱「聯省共和國」，由於荷蘭省的經濟和政治地位最重要，故又稱「荷蘭共和國」。

　　從 1581 年起，西班牙軍隊對南方發動反撲。1585 年 3 月攻陷布魯塞爾，安特衛普保衛戰持續 13 個月最終陷落，南方革命失敗。1587 年，荷蘭共和國和英、法結成同盟，共同抗擊西班牙，使荷蘭獨立戰爭進入一個新階段。這一階段最重要的戰役是紐波特會戰（1600 年）、西軍攻克奧斯坦德之戰（1601 － 1604 年）、在上艾瑟爾和聚特芬反擊西班牙統帥斯皮諾拉進軍之戰（1600 年）、西軍攻克奧斯坦德之戰（1601 － 1604 年）、在上艾瑟爾和聚特芬反擊西班牙統帥斯皮諾拉進軍之戰（1606 年）以及荷蘭海軍獲勝的直布羅陀海上之戰（1607 年）。長期的戰爭和多次失敗，特別是「無敵艦隊」的覆滅，使西班牙元氣大傷，極為虛弱，被迫於 1606 年與荷蘭共和國談判，並於 1609 年 4 月簽訂所謂《12 年停戰協定》，事實上承認了荷蘭共和國的獨立。尼德蘭革命在北方完全勝利，南方仍然處於西班牙控制之下。

　　停戰期滿後，戰爭重新爆發，併成為「30 年戰爭（1618 － 648 年）的一部分。1648 年在簽訂結束 30 年戰爭的《西發里亞

和約》的同時，也簽訂了《荷西和約》。西班牙終於正式承認聯省共和國獨立，承認尼德蘭南部歸荷蘭共和國。

　　荷蘭獨立戰爭是歷史上第一次勝利的資產階級革命，建立了第一個資產階級共和國。革命推翻了西班牙的專制統治，為資本主義發展掃清了道路。由於資本主義還處於手工工場時期，資產階級尚不成熟，特別是南方的資產階級同西班牙還有難以割捨的聯絡，因此使得這場革命戰爭異常複雜、曲折和持久，經歷了幾次反覆。它不僅沒有徹底摧毀封建土地所有制，而且政權落入大商業資產階級和貴族手中，限制了工業資本的發展。因此，荷蘭經濟的發展主要靠商業資本和貿易的推動。

荷蘭獨立戰爭：自由與貿易的先鋒

無敵艦隊的覆滅：
英西海戰與海權的轉移

　　英國和西班牙兩國在十六世紀末期進行的格瑞福蘭海戰，其實質就是後起的殖民主義與老牌的殖民主義為爭奪海上霸權而進行的一場決戰。英國的獲勝使得它從西班牙手中奪取了海上霸權，而西班牙這個老牌的軍事殖民帝國，則隨著其「無敵艦隊」的覆沒而從此衰落下去。

　　16 世紀，封建的軍事殖民帝國西班牙在西半球不可一世，壟斷了許多地區的貿易，其殖民勢力範圍遍及歐、美、非、亞四大洲。據統計，西元 1545 － 1560 年間，西班牙海軍從海外運回的黃金即達 5500 公斤，白銀達 24.6 萬公斤。到 16 世紀末，世界貴重金屬開採中的 83% 為西班牙所得。為了保障其海上交通線和其在海外的利益，西班牙建立了一支擁有 100 多艘戰艦，3000 餘門大炮，數以萬計士兵的強大海上艦隊。無獨有偶，16 世紀中葉，英國透過圈地運動、血腥立法、海外掠奪，特別是把海外貿易與赤裸裸的海盜行為結合在一起，並得到國王支援，也獲得了迅速發展，同時有著強烈的向外擴張願望。

　　英國的擴張，必然與西班牙發生衝突。對於西班牙來說，自然不允許其他國家分占他來自殖民地的利益。英國的海上搶劫以及對美洲的掠奪嚴重地威脅著西班牙對殖民地的壟斷地

位，引起西班牙國王腓力二世的仇視。起先腓力二世不想訴諸武力，他勾結英國天主教勢力，企圖把信奉天主教的蘇格蘭女王瑪麗扶上英國王位。為此，他在英國組織顛覆活動。瑪麗早在 1568 年就因蘇格蘭政變而逃到英國，被伊麗莎白所囚禁。當英國的天主教徒在西班牙的慫恿下謀刺伊麗莎白而另立瑪麗時，伊麗莎白乘機處死了瑪麗。腓力二世謀殺不成，就決心用武力征服英國。

當時，英國的海上實力並不強大，難以與西班牙海上艦隊相匹敵，只能靠海盜頭子德雷克、豪金斯和雷利等人組織的海盜集團在海上襲擊、攔劫西班牙運載金銀的船隻，進行海盜活動。而腓力二世卻擁有一支龐大的艦隊 ——「無敵艦隊」。

1588 年 5 月末，西班牙「無敵艦隊」從里斯本揚帆出航，遠征英國。這時「無敵艦隊」共有艦船 134 艘，船員和水手 800 多人，搖槳奴隸 200 多人，船上滿載 2.1 萬名步兵。顯然，腓力二世是要利用西班牙步兵的優勢，運用傳統戰法，衝撞敵艦，在強行登艦後進行肉搏，然後奪取英國船隻，經英吉利海峽直搗倫敦。英國方面做了迎擊準備，由霍華德勳爵任統帥，德雷克任副帥。英軍共有 100 多艘戰艦，載有作戰人員 9000 多人，全是船員和水手，沒有步兵。英國的戰艦效能雖不如西班牙，但由豪金斯做了改進，船體小、速度快、機動性強，而且火炮數量多、射程遠。這種戰艦既可以躲開西班牙射程不遠的重型炮彈的轟擊，又可以在遠距離對敵艦開炮，以火炮優勢制勝。

8月6日，「無敵艦隊」到達法國加來，停泊在海上，想與駐佛蘭德斯的西軍聯絡。由於後者未能及時到達，會師計劃落空，後面又有英艦尾隨，無法等待，只得繼續前進。第二天夜間，昏暗無光，雲霧重重，海面颳起強勁的東風，西班牙船員都已進入夢鄉。英國人巧施妙計，把6艘舊船點燃，船內裝滿易燃物品，船身塗滿柏油。6條火龍順風而下，向西班牙艦隊疾馳而去。頓時，火海一片，烈焰熊熊，「無敵艦隊」一片混亂，在斷纜開航時各組亂成一團，有的相撞沉沒，許多船隻燒燬。

　　8月8日，兩軍在加來東北海上進行了會戰。西班牙的戰艦高聳在水面上，外形壯觀，但運轉不靈，雖然人數和噸位占優勢，卻成為英國戰艦集中炮火轟擊的明顯目標。英國戰艦行動輕快，在遠距離開炮，炮火又猛又狠，打得「無敵艦隊」許多船隻紛紛中彈起火。西班牙開炮向英艦射擊，卻不能命中英艦，英國艦隻在遠處靈活閃避，活動自如。這種遠離炮戰使西班牙艦隊的步兵和重炮不能充分發揮作用。激烈的炮戰持續了一整天。「無敵艦隊」被打得七零八落，兩隻分艦隊的旗艦中彈、撞傷，一個分艦隊司令被俘。剩下的西班牙艦隻乘著風勢向北逃竄。

　　狼狽逃竄的西班牙的艦隊彈盡糧絕，更倒楣的是在海上接連遇到兩次大風暴，有的船隻翻沉了。不少士兵、船員被風浪衝到愛爾蘭西海岸，被英軍殺死。到1588年10月，「無敵艦隊」僅剩43艘殘破船隻返回西班牙，以近乎全軍覆沒的結局慘敗。

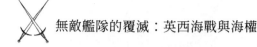

而英艦沒有損失，陣亡海員水手只有百人左右。

英西格瑞福蘭海戰顯示，艦船的機動靈活和火炮優勢取代了以往海戰的短兵相接、強行登船的肉搏戰，海上戰爭從此呈現出一種全新的格局。這次海戰實質上是後起的殖民主義英國與老牌的殖民主義西班牙之間的一場決戰。

由於英國取得了海上霸主地位，使其本來一個僅有數百萬人口的孤島小國一躍成為世界上頭號殖民帝國，並在以後好幾個世紀中保持著世界「第一強國」和「海上霸主」的地位。而西班牙則因「無敵艦隊」的覆沒而一蹶不振，從此衰落下去。

格瑞福蘭海戰及其英西由此興衰，向當時的人昭示了一個深刻的道理：誰擁有制海權，誰就是強大者；誰失去制海權，誰就要受制於人。並且，制海權對於一個國家的今天和未來更為重要。

壯烈的抗日：
朝鮮衛國戰爭的記憶

　　16 世紀末期發生的朝鮮壬辰衛國戰爭，既是朝鮮國內階級矛盾尖銳化的產物，也是日本對外侵略擴張的必然。戰爭持續了七年，在朝中人民並肩戰鬥下，最終戰勝了日本侵略軍，朝鮮人民擺脫了民族壓迫，但卻沒能擺脫更重的階級壓迫。

　　16 世紀 80 年代，武力統一全國後，日本便開始了對外擴張。當時集大封建領主和大軍閥頭目於一身的豐臣秀吉（1546 －1598 年）執掌著全國的軍執大權，他乘朝鮮李氏王朝耽於黨爭內訌，朝綱紊亂，決定透過武力征服朝鮮入侵中國，進而稱霸東亞。

　　當時的朝鮮政府政治上確已十分腐敗，官僚營私舞弊，特別是統治階級內部的黨派之爭，即一派是世襲的官僚貴族，稱為勳舊派；另一派是地方中小地主出身的受過書院教育的新官僚，稱為士林派。兩派各自結黨爭權，互相傾軋，一大批人被殺戮流放，政變不斷，弄得民不聊生，武備鬆弛，國力大衰，恰恰給日本提供了一個極好的侵略機會。

　　西元 1592 年初，日本最高當政者豐臣秀吉組建了 22 萬人的軍隊，建立了擁有數百艘艦船和 9000 名船員的艦隊，分批向朝鮮沿海進發，開始了壬辰（壬辰年）戰爭。

第一批部隊（1.8 萬人）分乘 350 艘艦船，於 1592 年 5 月 25 日在釜山登陸。數量不多的釜山守軍和居民進行了頑強的抵抗，但因眾寡懸殊，城市終為日本人攻占。在南部沿海登陸的第二批部隊（2.2 萬人）經慶州、熊川和新寧數城向北推進。幾乎與此同時，第三批部隊（1.1 萬人）在洛東江口登陸，占領了清無城，並向春川山口推進。在這幾批部隊登陸之後，日本將主力（8 萬人）和其餘艦隊全都調往朝鮮。朝鮮封建統治集團由於朋黨之爭，對侵略者無力組織抵抗。數量不多的政府軍接連失利。日本人擊潰了朝鮮的一支 8000 人的部隊的抗擊，奪取了全寧山口，在忠州城又擊潰了另一支朝鮮部隊，迅速逼近漢城（京城）。朝鮮有些地方官吏棄地而逃，國王驚惶失措，倉皇放棄首都，先奔平壤，繼而逃往鴨綠江邊的義州。7 月初，日本人兵不血刃入漢城。日軍占領漢城以後，繼續向西北和東北進攻，在臨津江一帶遇到朝鮮軍隊的堅固防禦而受阻。日軍使出軍事計謀，佯裝撤退，將朝鮮軍誘出工事，接著進行反衝擊將其擊敗。日軍占領了開城和平壤。到此，朝鮮國土大部分淪喪。日軍到處燒殺搶劫，只在晉州一地，就屠殺軍民 6 萬人。朝鮮人民在非占領區普遍組織了人民義勇軍——「義兵」（「正義之師」），開展了游擊戰爭；突襲敵人的要塞和兵營，特別是在夜間，隱蔽潛入敵宿營地進行騷擾；進行防禦戰鬥；燒燬糧秣倉庫和破壞敵人的交通線。在圍攻要塞和城市時，朝鮮人組織了特別突擊隊，並使用了「飛擊震天雷」，以殺傷敵有生力

量。為援助被日本圍困在要塞裡的守衛部隊，朝鮮人經常對敵人的後方進行出其不意的引誘突擊。

國王李日公在愛國朝臣和軍民抗倭熱潮的推動下，要求中國援助。中國明朝廷認為日入侵朝鮮的目的「實所以圖中國」，而我兵之救朝鮮「實所以保中國」。中朝唇齒相依，故決定援助抗倭。同年秋派以陳璘為總兵，李如松為副將的 5 萬餘大軍赴朝抗倭。翌年 1 月，朝鮮愛國官兵在明軍的協同支援下，一舉收復西京、開城、漢城，日軍退守南部沿海一帶，收復整個北朝鮮了。

水軍將領李舜臣統率的朝鮮水軍的行動卓有成效，曾多次重創敵艦隊，粉碎了日本陸海合擊的計劃。日本入侵前，朝鮮水軍共有 4 支獨立艦隊，其中有兩支在戰爭剛一開始就損失了。只有李舜臣統轄的有 85 艘戰艦的艦隊，在陸軍的支援下抗擊日本艦隊，在先後幾次戰鬥中，擊沉日艦 40 多艘。1592 年 7 月 9 日，在李玉金的第四艦隊的協同下，李舜臣在南海島以北的泗北灣，擊毀日本大型戰艦 12 艘。在這次交戰中，朝鮮人首次使用了覆蓋鐵板的戰艦 ——「龜船」，此種戰船不易被敵炮火擊傷，且配有強大火力，又具有高度機動性。此後不久，李舜臣統率了整個朝鮮水軍，對日本艦隊進行了多次連續突擊。1592 年 11 月，李舜臣在釜山地區又取得了輝煌勝利。這次，他們發現釜山地區聚集了日本的主力（470 餘艘艦船）後，李舜臣命令自己的艦船開向那裡，龜船航行在第一線。朝鮮水軍在一天之

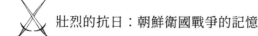

內將日本人遺棄的 100 艘空船焚燒殆盡。當戰鬥發展到陸上時，朝鮮人發覺日本人擁有騎兵優勢，便退到船上返回上基地。朝鮮的游擊隊、政府軍和水軍透過共同努力將敵人逐出了漢城。先後擊沉日艦 300 多艘，打敗了日軍水陸並進的計劃。

日軍遭受重大打擊之後，以和平談判為幌子，企圖贏得時間為新的入侵做準備。1597 年初，日本重新開始進攻，但未得手。這時，明朝政府認識到日本的危險性，遂派出了 14 萬軍隊入朝援助朝鮮軍隊和人民義勇軍作戰。此時，朝鮮水軍也得到了加強（已有 5000 餘人）。日軍撤向釜山，後被封鎖在朝鮮南部一些港口。1598 年 10 月 18 日，李舜臣率領的水軍在露梁津灣截住了 500 多艘企圖從朝鮮運走殘餘部隊的日本軍艦，朝中水軍與侵略者展開激戰，擊沉日艦 450 艘，殲滅日軍 1 萬人，日軍徹底戰敗。在這次海戰中，李舜臣擊斃日軍大將，打退多艘包圍明軍的日艦。明軍 70 歲的老將鄧子龍戰艦起火，李舜臣在前往援救時身中流彈。李、鄧兩位名將都在這次海戰中犧牲，為中朝人民的戰鬥友誼譜寫了光輝的篇章。

王辰戰爭持續了 7 年之久，最後終以朝鮮百姓的勝利，日本侵略軍的失敗而告結束。

這次戰爭是朝中軍民並肩戰鬥共同奪取勝利的一役，體現了中朝人民休戚與共、唇齒相依的密切關係。透過這次衛國戰爭，朝鮮人民維護了國家的獨立、民族的尊嚴，粉碎了日本侵略者侵吞朝鮮、染指中國進而稱霸東西的圖謀，使日本侵略者

在戰後幾百年間再也未敢踐踏朝鮮國土，從而保證了朝鮮長期的安全與和平。但7年戰爭，使朝鮮受到了莫大的損失。日本侵略者到處大肆掠奪和屠殺，燒燬了都市和很多村莊。

全國人口比戰前減少了近七分之一，眾多的人流離失所。土地大量荒廢，生產秩序一片混亂。封建統治者趁機恣意占領和爭奪土地、山林與河川。因此，戰爭的勝利雖使人民擺脫了民族壓迫，但卻帶來了更重的階級壓迫。

壯烈的抗日：朝鮮衛國戰爭的記憶

三十年戰爭：
歐洲的宗教與政治大戰

　　1618 － 1648 年，歐洲史上爆發了第一次大規模的國際戰爭 —— 三十年戰爭，先後捲入戰爭的包括有西歐、中歐和北歐的全部主要國家。戰爭起因於德國新舊教矛盾，但很快就演化為各國的爭權奪利和領土之爭。結果，德國四分五裂。法國迅速崛起，從而帶來了歐洲戰略格局上的一次重大變化。

　　16 世紀後期和 17 世紀初，德國和整個西歐經宗教改革後，教皇和皇帝權力有所削弱，路德教派、卡爾文教派等新教勢力迅速發展，新舊教勢力幾乎相等。在德國，天主教統治的地區是南部、東南部和萊因河中下游；路德教派的中心是薩克森、黑森、布蘭登堡等地，卡爾文教派則傳布於萊茵河上游的巴拉丁地區。路德教派諸侯與天主教爭奪領土，要求獲得更大的教權。卡爾文教派要求獲得與路德教派同樣的合法地位，而天主教則拒不承認卡爾文教派合法，天主教對路德教派也以反對異端為口號，竭力打擊之。

　　皇帝與諸侯之間矛盾重重。皇帝雖不能實際控制整個帝國，但統治著奧地利和捷克等地。哈布斯堡家族的直接領土在德國各邦版圖中最大，它的旁支還統治著西班牙。皇帝為圖實行中央集權，以反對異端為藉口，限制新教諸侯。舊教諸侯在

宗教上和皇帝一致，但是反對中央集權，企圖在反新教中擴大自己的勢力。17世紀初，皇帝魯道夫二世企圖用武力限制新教諸侯的權力，於是，德國分裂為兩個敵對的集團，即「新教同盟」和「天主教同盟」。教皇、皇帝、西班牙都支援天生教同盟；德國、荷蘭和英國等支援新教同盟。歐洲各國之所以干涉德國，主要是想阻止它強大，並趁機獲取好處。

德國兩大諸侯集團和西歐各國尖銳對立的形勢，使戰爭終於以1618年捷克人民起義為導火線而爆發。

捷克1526年併為神聖羅馬帝國的版圖，德國皇帝兼為捷克國王，但捷克人有宗教自決、政治自治等權。但到三世皇帝馬提亞（1612 － 1619年）時，他派遣耶穌會士深入捷克，企圖恢復天主教，並指定斐迪南為捷克國王，遭捷克人強烈反對。當國會向皇帝馬提亞提出抗議時，遭馬提亞拒絕，並宣布新教徒為暴徒。於是捷克人在1618年舉行起義，衝進王宮，把國王的兩個欽差從視窗投入壕溝。這個「擲出窗外事件」是捷克反對哈布斯堡王朝起義的開始，也是30年戰爭的開端。

30年戰爭的過程可分為四個階段：即捷克、巴拉丁時期（1618 － 1624年）；丹麥時期（1625 － 1629年）；瑞典時期（1630 － 1635年）；法國、瑞典時期（1635 － 1648年）。

「擲出窗外事件」發生後，捷克組成以圖倫伯爵為首的臨時政府。1619年，捷克國會推舉新教同盟首領巴拉丁選侯腓特烈為國王，對斐迪南作戰。戰爭開始時，捷克進展順利，6月進抵

維也納近郊。斐迪南求助於天主教同盟，天主教同盟出兵 25000 人，並供給皇帝大量金錢；西班牙也出兵進攻巴拉丁。1620 年 11 月，捷克和巴拉丁聯軍被天主教盟軍擊敗，腓特烈逃往荷蘭，巴拉丁被西班牙占領。捷克成為奧地利的一省，約有 3/4 的捷克封建主土地轉入德國人之手。征服者還強迫捷克居民改奉天主教，焚毀捷克書籍，宣布德語為捷克國語。

皇帝和天主教同盟的勝利，直接威脅法國和荷蘭的安全。法國不能容忍查理五世帝國的復法；荷蘭則已於 1621 年與西班牙處於戰爭狀態。英王詹姆士一世關心女婿腓特烈的命運，垂涎北德領土的丹麥的瑞典，也不願看到德皇對全國實現有效的統治。於是，戰爭很快轉變為廣泛的國際戰爭。

1625 年，法國首相黎希留倡議英國、荷蘭、丹麥締結反哈布斯堡聯盟，英、荷兩國則慫恿丹麥出兵，從此開始了戰爭第二階段。

1626 年，捷克貴族華倫斯坦和天主教同盟的軍隊打敗丹麥和新教諸侯的聯軍。丹麥國王被迫於 1629 年 5 月在律貝克簽訂和約，保證以後不再幹涉德國的內務。皇帝規定新教諸侯 1552 所以後將所占教產全部歸還原主。同時根據華倫斯坦的計劃，德國將在波羅的海上建立一支強大的艦隊，瑞典害怕此計劃影響它在波羅的海的優勢地位，遂在法國大量金錢的援助下，瑞典軍於 1630 年 7 月在波美拉尼亞登陸，開始了戰爭的第三階段。

瑞典軍隊由國王古斯塔夫率領，很快就占領了波美拉尼亞。

1632 年初，占領美因斯，4 月又攻陷奧格斯堡和慕尼黑。在列赫河戰役中，天主教同盟軍慘敗。同時，捷克和德國本部有很多地方農民和市民起義。德皇在危急之中，重新起用華倫斯坦為統帥，11 月與瑞典軍發生會戰，瑞典獲勝，但古斯塔夫陣亡。瑞典軍取勝後軍紀鬆弛，德皇乘機聯合西班牙軍，於 1634 年 9 月在諾德林根附近大敗瑞典軍，一直追到波羅的海沿岸，這對法國大為不利。在此之前，法國一直假手他國以削弱哈布斯堡的勢力，當丹麥、瑞典以及德國新教諸侯連續失敗後，法不得不直接出兵了，致使戰爭進入第四階段 —— 全歐混戰階段。

法國首相黎希留先與瑞典議和，商定發動戰爭後任何一方不單獨與哈布斯堡皇帝議和，然後於 1635 年 5 月對西班牙宣戰。站在法國和瑞典方面的，有荷蘭、薩伏衣、威尼斯、匈牙利等；站在皇帝方面的，則有西班牙和德國的一些諸侯。戰場主要仍在德國境內，但戰爭同時也在西班牙、西屬尼德蘭、義大利等地進行。戰爭開始後，雙方蹂躪所占領的對方地區，掠奪和殺戮居民。法軍採取多點進攻和破襲交通等手段疲憊對方。1643 年 5 月 19 日，法國孔代親王率法軍在羅克魯瓦（法國東北部）附近，採用瑞軍慣用的集中主力、實施一翼突擊戰術，殲滅西班牙軍隊 1.8 萬餘人。1645 年，孔代親王杜倫尼元帥在訥德林根（德境）打敗德皇軍隊。法國和瑞典軍隊還取得了其他幾次戰爭的勝利，使哈布斯堡王朝集團無力再戰。瑞典軍的節節勝

利，引起丹麥王的嫉妒和恐懼，乘瑞典軍深入南德時期，丹麥對瑞典宣戰，經 3 年（1643 － 1645 年）戰爭，瑞典從海陸兩路圍逼丹麥，丹麥被迫求和。從 1643 年起，交戰雙方在威斯特發利亞開始談判，一直到 1648 年 10 月才達成協議，締結了兩個和約，至此戰爭結束。

30 年戰爭，結束了自中世紀以來「一個教皇、一個皇帝」統治歐洲的局面，德國分裂為近 300 個獨立大小不同的諸侯領地和 100 多個獨立的騎士領土，皇帝企圖在歐洲恢復天主教地位完全破滅，神聖羅馬帝國在事實上已不復存在。

作為三十年戰爭主戰場的德國，生產力遭到嚴重破壞，由原來的商業中心而淪為諸侯的統治中心。西班牙也失去了一等強國的地位，法國從勝利中得到了法國大片領土而成了歐洲霸主。戰勝國瑞典也因此而成為北歐強國。

然而，這場戰爭對世界軍事學術和技術卻發揮了積極的推動作用。滑膛槍大量投入使用；火炮實行標準化；炮兵已成為一個獨立兵種；戰術發生了革命，戰鬥隊形趨向靈活；許多國家軍事制度發生變革；在戰爭中湧現了一大批軍事將領，如瑞典的古斯塔夫二世、法國的蒂雷納等。

三十年戰爭：歐洲的宗教與政治大戰

明末農民起義：
動搖帝國根基的風暴

　　中國的明末農民起義戰爭自 1627 起，至 1664 年結束，歷時 37 年，以李自成為首的農民起義軍，推翻了明王朝 276 年的反動統治，建立起了大順政權。但由於沒有進步階級的領導，農民起義軍在取得勝利之後，很快便以失敗而告終，這對於後人有很大的警醒作用。

　　明末除倭寇外患外，內部階級矛盾和民族矛盾十分尖銳，整個社會陷入危機四伏之中。經濟上，統治階段上上下下，無不以爭奪田產為能事。皇室諸王擁有的莊田，少者萬頃，多者數萬頃；一般地主和縉紳之家，「田之多者千餘頃，少亦不下五、七百頃」（鄭廉：《豫變紀略》卷二），大批農民喪失土地，水利年久失修，水、旱、飢、疫等災害不斷，而統治階級置之不理，致使廣大人民吃盡草根樹皮，死亡枕籍，餓殍遍野。

　　明朝統治者為了滿足其窮奢極欲和應付遼東作戰及鎮壓農民起義的鉅額軍費，採取各種殘暴手段，加緊壓榨剝削人民。這嚴重破壞了農業、手工業的生產，迫使農民傾家蕩產，到處流亡，造成「黃埃赤地，鄉鄉幾斷人煙」（鄭廉：《豫變紀略》卷一）的悽慘景象。政治上，明朝政權極端黑暗和腐朽。自明神宗朱翊鈞 17 年（1589 年）以後，耽於玩樂，數十年不理政

事。明熹宗朱由校更加昏庸，朝政掌握在宦官魏忠賢手裡。魏忠賢大殺異己，遍置死黨，黨羽盤根錯節，禍國殃民。軍事上，明朝軍隊腐敗不堪。京營部隊的軍官，多半是官商子弟以金錢賄賂所得。士兵常「缺額十之二三，掛名投間買差替役者又十之二三」（《明經世文編》卷四百六十一），並長期參加修建宮殿勞動及供豪門權貴私人役使。訓練如同兒戲，京營「火器手約五萬餘，而善發者二十人中僅可得一」（《明經世文編》卷四百七十二）。加之武備久弛，器裝腐朽短缺，「馬匹盔甲器械不敷」（《明通鑑》卷七十六），「戰船朽壞，器械鏽鈍」（《國榷》卷九十四）。明同後金作戰連吃敗仗，後金軍步步進逼，多次突入長城襲擾京師，使得明王朝內外皆困。於是，農民起義風起雲湧，明王朝處於風雨飄搖之中。

早在西元 1409 年，就發生了階州（甘肅武都）農民田九成為首的起義。到 1439 年後，農民起義便接連不斷了。1506 年武宗帝之後，農民起義的規模不斷擴大，內容也更加豐富了。有農民暴動，有都市民變，有「礦賊」，有「兵變」。

西元 1627 年，陝西發生嚴重災荒，澄城（今陝西澄城）王二組織了幾百饑民，殺了澄城知縣張計耀，聚集在洛河以北的山中，揭開了明末農民大起義的序幕。到 1629 年以陝西為中心的各地農民起義達數 10 萬人。這一年，李自成也參加了起義。

李自成，陝西米脂（今陝西米脂）人，原名李鴻基，出身於農民家庭。早年當過銀川驛（驛地在今陝西米脂）卒，因受權

門迫害，到甘肅當兵。1629 年冬甘肅明軍奉命勤王，走到金縣（今甘肅榆中）時缺餉譁變，李自成率眾殺死參將王國，舉起了義旗。後來到闖王高迎祥部下，跟隨高迎祥南征北戰，稱為「闖將」。

1630 年前後，又有張獻忠、王子順、神一元等人領導的起義發生，其中張獻忠據有米脂十餘寨，自號「八大王」。至此，農民起義的烈火燃遍了整個陝西和甘肅的東部以及山西的西部。

明軍進行鎮壓，農民軍難以抵敵，加之為飢餓所迫，不得不向附近省區轉移，進行流動作戰，從陝西發展到河南、河北、山西等地。戰至 1635 年，各路起義軍共 72 營 30 萬左右人，會集於滎陽（今河南滎陽），商討作戰大計。會議一致同意李自成提出的「分兵」定所向（《明史》卷三百九《李自成傳》）的主張，即以一路對付四川、湖廣的明軍，一路對付陝西明軍，一路扼守黃河渡口，主力東征，另以一路軍往來策應。這種聯合作戰、主力東進戰略的確立，標誌著農民進入了一個新的發展階段。

會後，高迎祥、張獻忠、李自成率主力東進，連克今河南固始、安徽霍邱、阜陽、鳳陽，焚燒了明王朝的皇陵。朱由檢為此痛哭流涕，下令 6 個月內消滅農民軍。

鳳陽戰後，農民軍乘勝南下，攻入安徽，取得一系列勝利。明洪承疇、艾萬年、柳國鎮、張全昌等率兵對李自成、張獻忠等進行圍剿，農民軍嚴重受損。後農民軍積蓄力量，避實

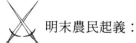

擊虛，7 個月長驅 6 千里，進入四川並輾轉各地，拖得明軍疲憊不堪。李自成進軍中原，亦採取避實擊虛，同時提出「均田免糧」、「割富濟貧」等口號，嚴明軍紀，所到之處開倉散谷，救濟貧民。當時民間廣泛流傳：「吃她娘，宰她娘，開了大門迎闖王，闖王來時不納糧」（《明季北略》卷二十三）的童謠，這充分體現了人民群眾對起義軍的歡迎和擁護。

1641 年 2 月，李自成率起義軍在中原地區與明軍展開了五次大戰，即在項城（今河南項城南）誘殺兵部侍郎兼陝西三邊總督傅宗龍，連攻河南數縣；在襄城突襲陝西總督汪喬年軍，獲大勝；在年仙鎮（今河南開封西南）縱敵入伏，痛擊明將左良玉，殲敵數萬；在柿園（今河南郟縣）大破孫傳庭，殲敵數萬；這時號稱百萬的李自成農民軍又在汝寧生俘明將楊文嶽，全殲汝寧城守敵數萬後乘勝攻克了河南全省及湖、廣大部地區。

至 1643 年 5 月，李自成起義軍控制了中原大部地區，聲勢浩大，張獻忠也於同年 5 月占領武昌，並向李自成通書稱屬。在此形勢下，李自成採取誘敵出關，然後疲而殲之的方針，大敗孫傳庭於今河南郟縣，接著占領潼關，連克今華縣、臨潼，攻占西安，完成了「先定關中」的戰略計劃。1644 年元旦，李自成改西安為西京，國號大順，建元永昌，擴大原來的中央政府，恢復五等爵，設鑄錢局，廢除八股等。在軍事方面，整頓軍隊，去弱留強，對 40 萬步兵、60 萬騎兵加緊訓練，準備進軍北京。

當李自成進入關中之際，張獻忠領導的農民軍駐紮於江西、湖南，牽制了明王朝在南方的兵力。明王朝在北方的殘餘武裝，主要是駐在寧東的吳三桂騎兵 4 萬餘人。1644 年 1 月，李自成分兩路，勢如破竹，3 月中便兵臨北京城下。城外三大營首先投降，大量「火車」、巨炮都調轉炮口，對準了京城。3 月 18 日，李自成圍攻九門，發出檄文，正告明朝君臣趕快投降，並派代表談判，未成。大順軍在劉宗敏指揮下攻入外城，當晚，朱由檢見大勢已去，在煤山（今北京景山）自縊。19 日晨，大順軍占領北京內城，中午李自成在文武百官陪同下，由德勝門入城，明朝太子、定王、永王都被搜獲，文武百官除極少數自盡外，紛紛向大順政權拜表歸誠。明王朝 276 年的統治終於在農民大起義中覆滅了。

　　李自成起義軍進入北京後，明王朝的殘餘勢力還在掙扎：盤踞在山海關的明朝總兵吳三桂正在降請與歸順之間動搖不定；虎視眈眈的滿洲清帝國，進迫山海關，正圖入中原。李自成軍對這些情況，採取了一些相應措施，但其缺乏戰略遠見，勝利衝昏了頭腦，驕傲輕敵，沒有施行任何「收人心」和建國的新政策。卻「頒發冠服」，把三品以上的降官 800 餘人加以拷夾，追問其平日所貪汙的財貨，將大批投降的「勳衛武職斬首」，對「富商……極刑追逼」，李自成部將牛金星、劉獻策、劉宗敏等紛紛為自己撈一把，貪圖財貨美女，引起自己內部摩擦、傾軋和腐化，日益促起降官以至人民的反感，尤其如劉宗敏強占吳

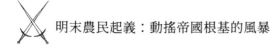

三桂愛妾陳圓圓。吳三桂投靠清朝，自然不完全由於「衝冠一怒為紅顏」，而由於其反動立場，但不是不說與陳圓圓被劉霸占毫無關係。沒有進步階級領導的農民進城以後，在財貨酒色等紅紅綠綠的環境中生活，疾急腐化，李自成自己漸至玩物喪志，甚至「集宮女，分賜隨者諸（人）……各 30 人」。由於這些原因的存在，當吳三桂叛明降清、迎接清軍入關的情況到來時，李自成 20 萬大軍開赴山海關禦敵，不但沒有取得首都群眾的支援，以及前方百姓的直接配合，而且戰鬥力和意志力再不似從前那樣的「鐵騎」，一遇清軍便全線崩潰，不可收拾。李自成 4 月 26 日回京，29 日匆忙稱帝，30 日即分兩路向山西撤退。在西進途中，遭清軍追襲和地主武裝襲擾，大順軍內部又分裂，劉宗敏等犧牲，牛金星逃跑，宋獻策投降，李自成在湖北通山縣九宮山遭地主武裝突然襲擊，不幸犧牲，時年 39 歲。30 多萬餘部繼續堅持抗清 20 多年，最後於 1664 年失敗。張獻忠領導的農民軍，也在抗擊滿、漢地主階級之聯合進攻中遭到了失敗，張獻忠犧牲在西充（今四川西充）鳳凰山。

明末農民起義戰爭（1627 － 1664 年），前後經歷了 37 年，其時間之長，規模之大，影響之深遠，為已往農民起義戰爭所少有。推翻了明王朝的反動腐朽統治，並在爾後的抗清鬥爭中給滿洲貴族以沉重打擊，對解救百姓苦難，促進生產力發展，推動社會發展發揮了一定作用。

明末農民起義戰爭再一次表明，百姓的力量是強大的，只

要組織起來完全可以推翻黑暗統治，這對清朝及以後的農民戰爭具有重大的感召力和提供了寶貴的歷史經驗。

這一次戰爭同時還表明，沒有先進的領導產生，沒有徹底的奮鬥精神，沒有全心全意為百姓謀利益的目標，不注意改造農民的落後性、自私性和保守性，就難以掌握政權。

李自成領導的農民起義戰爭，在戰略上既有成功之處，但也有很多缺陷，不能及時鞏固取得的勝利，對守戰、防禦等戰法不研究不訓練。因而最後失敗就在所難免。這些為後人樹立了一面鏡子，有著很重要的啟迪意義。

明末農民起義：動搖帝國根基的風暴

英國內戰：
君主制與議會制的權力之爭

英國 1642 － 1648 年發生的兩次國內戰爭，是以新興資產階級為首的廣大社會階層反對君主專制和封建制度的武裝戰爭，是 17 世紀英國資產階級革命，也是歐洲範圍內的第一次革命的最高鬥爭形式。戰爭的結果是，代表封建專制的查理一世被處死刑，鞏固成立了資產階級共和國，宣告了資本主義制度的誕生。

隨著資本主義經濟的發展，新貴族和資產階級（包括城市中的工商業資本家、手工工場主、行會行東和農村部分農場主）的力量進一步增強，他們要求廢除封建專制，分享政治權利，併產生了反映資產階級要求的思想意識 —— 清教。他們在國會中形成了與專制王權對立的反對派，國會與國王之間的矛盾與衝突不斷發展。1628 年，國會透過限制王權的《權利請願書》，重申未經國會批准不得任意徵稅，沒有法律依據和法院判決不得任意逮捕任何人。國王查理一世為得到國會撥款勉強批准了《權利請願書》，但當國會抗議國王隨意徵稅時，查理一世遂於 1629 年解散國會。此後十多年間，王權與國會特別是與廣大群眾之間的矛盾日益尖銳化。1640 年 11 月，查理一世被迫召開新國會，代表著英國革命的開始。

1642 年 1 月，查理一世離開革命形勢高漲的倫敦，北上約克城組織保王軍隊，準備以武力鎮壓國會派的「叛逆」行為。8月 22 日，他在諾丁漢樹起了王軍旗幟，宣布討伐國會內的叛亂分子，從而拉開了英國內戰的序幕。

1642 年 10 月 23 日，王軍與國會軍在埃吉山進行了首次大規模交戰。王軍兵力 7000 多人，國會軍 7500 人。國會軍兩翼騎兵被王軍騎兵的反擊所打敗，但中路步兵卻打退了王軍步兵的進攻，並將其擊潰，戰鬥結果未分勝負。10 月 29 日，王軍攻占牛津，11 月 12 日攻占距倫敦 7 英里的布倫特福，首教告急。4000 多名由手工工人、學徒和平民組成的民兵部隊火速開往前線，國會軍力量大增，迫使王軍放棄進攻倫敦的計劃。1643年，整個軍事形勢對國會軍十分不利。9 月，王軍兵分三路進攻倫敦，首都再次告急。倫敦民兵組織 4 個團與國會軍一起挫敗王軍的進攻，倫敦再次轉危為安。但王軍控制了五分之三的國土，國會派處於被動。

國會軍在內戰初期節節失利，從政治上看主要是由於掌握國會領導權的長老派動搖妥協，不願與國王徹底決裂，滿足於既得利益，無意推翻王權；軍事上主要是由於統帥埃塞克斯等人消極怠戰，缺乏主動進攻精神，軍隊缺乏訓練，素質較差。這時，軍中湧現出了以克倫威爾為代表的一批傑出將領。克倫威爾親自組織「東部聯盟」軍隊 1.2 萬人，在 1643 年的東部幾場戰鬥中連戰皆捷。

1644 年 7 月初，兩軍在馬斯頓荒原展開了內戰以來首次大規模會戰。2 日，王軍魯伯特親王率騎兵迅速占領整個荒原。國會軍獲悉後即向荒原挺進。晚上 7 點左右，國會軍左翼騎兵首先衝下高地直撲敵軍。接著，中路步兵和右翼騎兵也投入戰鬥。約晚上 10 點會戰結束。王軍投入 1.5 萬人（騎兵 700 人），死亡 3000 多人，被俘 1500 人。馬斯頓荒原之戰是英國內戰的轉折點，它扭轉了國會軍連連失利的局面，從此掌握了戰爭主動權。同時，這次會戰也是克倫威爾一生的轉折點，他對取得會戰的勝利發揮了決定性作用，他的部分從此也以「鐵騎軍」聞名全國。

　　由於國會軍總司令埃塞克斯等人昏庸無能、消極怠戰，國會中以克倫威爾為首的獨立派十分不滿。1644 年 12 月，國會下院透過《自抑法》，規定議員不得擔任軍職；1645 年 1 月又透過《新模範軍法案》，決定建立一支由國會撥款、騎兵占三分之一的 2.2 萬人的新模範軍，任命托馬斯·費爾法克斯為總司令，統一指揮全軍。在費爾法克斯的堅決要求下，作為議員的克倫威爾被任命為副總司令兼騎兵司令。從此，克倫威爾一身二任，在軍隊中代表國會，在國會中代表軍隊，以他為首的獨立派掌握了軍隊的實權。內戰的形式也大為改觀。

　　國會軍一改過去被動防守、等待作戰的消極戰線，採取主動進攻、迫敵決戰的積極進攻戰略，取得了一個又一個軍事勝利。其中以內斯比一戰最為重要。1645 年 6 月 14 日，雙方

在內斯比附近展開決戰。國會軍集中兵力 1.4 萬人，其中騎兵 6500 萬。王軍則拼湊了 7500 人，其中騎兵 4000 人。雙方仍然採取傳統的步兵居中、騎兵兩翼的布陣方法。在克倫威爾的建議下，為誘使王軍速戰，國會軍部隊稍向後撤，王軍立即下令進攻。早上 10 點 30 分，王軍全線出擊。魯伯特率騎兵直撲國會軍左翼騎兵，並追擊不止。與此同時，克倫威爾指揮右翼騎兵以迅雷不及掩耳之勢衝向王軍左翼騎兵。雙方步兵也展開決戰。克倫威爾擊潰王軍左翼，但王軍步兵攻勢迅猛，國會軍步兵被迫撤退。在這關鍵時刻，克倫威爾留一個團繼續追擊王軍左翼殘部外，集中其餘騎兵猛衝王軍步兵側後。王軍遭前後夾攻，頓時大亂，很快潰敗。國王率 2000 騎兵逃跑。這次決戰，王軍傷亡、被俘 5000 多人，全部輜重、槍炮、軍火和軍旗包括國王的秘密檔案全部落入國會軍手中。在歷時 3 小時的會戰中，王軍主力遭到毀滅性打擊，從此一蹶不振。到 1647 年 3 月，王軍的最後一個據點落入國會軍之手，第一次內戰宣告結束。

第一次內戰勝利後，革命陣營內部長老派和獨立派之間的衝突日益激烈。長老派解散軍隊的法案引起廣大軍官和士兵、群眾的強烈不滿。以克倫威爾為首的獨立派率軍隊開進首都，掌握了國會實權，長老派議員倉皇逃走，激進的「平等派」遭到鎮壓。

正當革命陣營發生分裂和衝突時，查理一世逃出國會軍大本營，勾結長老派和蘇格蘭人，於 1648 年 2 月在西南部發動叛

亂，並在 1648 年 8 月 17 日與支持國王的蘇格蘭軍隊進行了著名的普雷斯頓會戰。克倫威爾首先向蘇格蘭軍左側的英國王軍蘭代爾部發起猛攻，經 4 小時激戰擊潰王軍。克倫威爾每次勝直撲蘇格蘭軍，先將里布爾河右岸的敵軍擊潰，隨後渡河追擊。18 日晨，國會軍在距普雷斯頓 15 英里處的威根追上蘇格蘭軍，並立即率部插入敵陣，將敵後衛部隊切割成數段，分而殲之。19 日，國會軍繼續追殲蘇格蘭軍。克倫威爾同漢密爾頓在沃林頓附近進行了自蘇格蘭軍入侵以來最激烈的戰鬥。克倫威爾奪取山隘和默西河上的一座橋樑，蘇格蘭軍退路已斷，大部人馬投降。8 月 25 日，漢密爾頓在走投無路的情況下向國會軍將領蘭伯特投降。至此，第二次內戰以英國國會軍粉碎蘇格蘭軍和王軍的進攻宣告結束。1649 年 1 月 30 日，查理一世被處死刑，2 月國會透過決議廢除上院和王權，5 月成立共和國。

英國內戰是英國資產階級在廣大百姓的支援下與封建專制王權之間的一次大搏鬥。透過戰爭，專制王權被推翻，新貴族和資產階級確立了在國家政治生活中的統治地位。

英國內戰在英國軍事史上占有突出地位。戰爭中創立的新模範軍是新型的資產階級軍隊，是英國歷史上第一支正規陸軍。它由國家預算撥款，實行統一制服、統一編制、統一紀律、統一指揮。國會頒布的強制募兵制是近代徵兵制的雛形，保證了充足的兵源。克倫威爾以騎兵實施遠途奔襲和成功地使用騎兵橫隊戰術作戰，則是騎兵戰術上的創新。

英國內戰：君主制與議會制的權力之爭

英荷戰爭：
海上霸權的競逐

　　發生於十七世紀中下葉，歷時二十餘年的英荷戰爭，是新興的殖民主義國家 —— 英國與獨占海上霸權而且「海上馬車伕」 —— 荷蘭之間的海上爭霸戰。荷蘭不敵英國，英國成為海上新霸王。這次大海戰，也把海上霸權鬥爭推向了一個新階段。

　　17 世紀起，經過資產階級革命而擺脫西班牙統治的荷蘭，在短短幾十年間就在發展上超過許多歐洲國家，成為十七世紀標準的資本主義國家，一度掌握世界商業霸權。它擁有商船 1.6 萬艘，是法國、英國、西班牙和葡萄牙四國商船總噸的四分之三。荷蘭人壟斷了世界的貿易，荷蘭商人的足跡遍及五大洲各個角落。因而荷蘭人被稱之為「海上馬車伕」。波羅的海沿岸地區的糧食，由它運往地中海；德意志的酒類、法國的手工業品、西班牙的水果和殖民地產品，由它運往北歐。然而荷蘭資產階級並不以高額的商業利潤為滿足，還力圖從海外活動中占領土地。1619 年，荷蘭在爪哇建立第一個殖民據點巴達維亞（今雅加達），然後由爪哇向西侵占蘇門答臘島，向東從葡萄牙手裡奪取得料群島（今馬魯古群島），它還相繼侵占了馬六甲和錫蘭（今斯里蘭卡）。在亞洲東部一度占領臺灣。在日本九州島的長崎取得了商業據點。1642 年，荷蘭在南非建立了好望角殖民

地，它在亞洲的殖民擴張取得了強大的中繼站。在北美以哈得遜河流域淡基礎，建立了新尼德蘭殖民地，並在河口奪取曼哈頓島建立新阿姆斯特丹。在南美洲，荷蘭殖民者占領了安地列斯群島中的一些島嶼。

英國於 16 世紀晚期，挫敗了西班牙海上霸權，打破了西班牙和葡萄牙的殖民壟斷局面。英國脫穎而出，逐漸發展為後起的卻又是強大的殖民主義國家。它在與荷蘭殖民強國的戰爭不僅不可避免，而且要求獨占海權、獨占原料、獨占市場，因此由競爭、搶奪發展到武裝衝突。1651 年，英國議會透過了新的《航海條例》，規定一切輸入英國的貨物，必須由英國船隻載運，或由實際產地的船隻運到英國，這就是說不許其他有航運能力的國家插手。荷蘭一向以商船多、體積大、效率高、組織完善而成為貿易中介國家、全民辦商品集散的中心。英國的新航海條例顯然是對付荷蘭的，打擊它在英國對其他國家貿易中的中介作用。荷蘭反對英國的航海條例，英國拒絕廢除航海條例，這就導致了英荷海上大戰。一共有三次。

第一次英荷戰爭（1652 － 1654 年），是荷蘭於 1642 年 7 月 28 日發動了，目的是為了回擊英國國會針對荷蘭把持貿易經紀權而於 1651 年透過的航海法案。英荷之間，除了在兩國近海展開作戰行動（如 1652 年普利茅斯海戰、1652 年和 1653 年紐波特海戰、1653 年波特蘭海戰）以外，還在地中海、印度洋以及連線波羅的海和北海的各海峽同時進行了海戰。英軍艦艇裝備

有較先進的火炮，而且在數量和質量上均占優勢，因此擊潰了荷蘭海軍，並對荷蘭海岸實施封鎖，迫使荷蘭於 1654 年 4 月 14 日締結了《威斯敏斯特條約》。根據這一條約，荷蘭實際上承認了航海法案。

第二次英荷戰爭（1665 － 1667 年），是由於英國占領荷蘭在北美的殖民地新阿姆斯特丹而引起的。1665 年 1 月 24 日，荷蘭對英宣戰。1666 年 2 月，法國與丹麥跟荷蘭結成同盟。在 1666 年 6 月 11 － 14 日的敦克爾克海戰中，廖特爾海軍上將統率的荷蘭艦隊擊敗了英軍，但未能鞏固既得的戰果。同年 8 月 4 － 5 日於北福倫角再度交戰，荷軍敗北。1667 年 6 月，荷蘭海軍封鎖泰晤士河口，殲滅部分英國船隻。由於倫敦直接受到威脅，英國被迫締結和約。根據 1667 年 7 月 31 日《布雷達條約》，英國占有新阿姆斯特丹，但將英軍在戰爭期間占領的蘇利南（在南美）歸還荷蘭。

第三次英荷戰爭（1672 － 1674 年），是荷法戰爭（1672 － 1678 年）的一個組成部分。根據英王查理二世和法王路易十四之間的秘密條約，英國參加了這場戰爭。英軍突然襲擊了荷蘭海軍。1673 年 8 月，廖特爾指揮的荷蘭艦隊在特克塞爾附近擊潰英法聯合艦隊。海戰失利和對於比荷蘭更危險的競爭者法國實力增強的畏懼，促使英國退出戰爭。1674 年 2 月 19 日，《威斯敏斯特條約》規定 1667 年《布雷達條約》繼續有效。

前後 20 多年的英荷海上爭霸戰爭，使得荷蘭海上實力大為

削弱，英國成為海上霸主。以這次戰爭為代表，海上爭霸戰爭進入了一個新階段。其表現：第一，西歐各國進一步鼓勵造船工業的發展，增加本國船隻數量，以備發動更大規模的海戰，進行更大的海外貿易，實行了全面的拓海政策，增強海上實力；第二，改進海上武器裝備，強化海上武裝力量，提高海上作戰能力。研製和裝備大戰船，在戰艦上裝備多種大口徑火炮，以增強火力，採用旗語，使海軍歷史上指揮官第一次能夠在交戰開始前對艦隊實施不間斷的指揮和釋出命令；第三，搶戰海上交通要道，占據海上島嶼、掠奪海外殖民地等。英、美、荷蘭、法國等國實行擴張政策，到處搶奪殖民地，國際社會進入殖民統治與反殖民統治的時代。

俄波戰爭：
俄羅斯走向大國地位的關鍵

　　持續 14 年的俄波戰爭，是俄國利用烏克蘭哥薩克起義對波蘭發動的兼併烏克蘭的戰爭。戰爭以波蘭的失敗和烏克蘭被兩國瓜分而告終。俄羅斯帝國崛起，開始爭奪歐洲霸權。至 18 世紀末，俄最終吞併烏克蘭。

　　烏克蘭早在 14 世紀後葉，立陶宛大公國和波蘭王國聯合後轉歸波蘭。生活在第聶伯河下游地區的烏克蘭、白俄羅斯和波蘭的逃亡農民和城市貧民，形成以捕魚、狩獵、畜牧和農業為生自由流民，號稱哥薩克。哥薩克人為爭取波蘭王國的入冊權，不斷要求增加在冊人員數。然而，波蘭政府由於財政匱乏，無法滿足要求，烏克蘭哥薩克人起義連綿不斷。1648 年 5 月，爆發了波蘭歷史上規模最大的烏克蘭民族大起義，起義領導人是博赫丹・赫梅利尼茨基。這次起義席捲烏克蘭全境，11 月起義擴大到白俄羅斯。波蘭政府軍與起義軍經 6 年戰爭，已無力再戰，雙方於 1653 年 12 月 18 日在《茲博羅夫條約》基礎上達成妥協：波蘭政府允許烏克蘭哥薩克建立自治的統領國，波軍不得進入境內；在冊哥薩克人數增至 4 萬；恢復烏克蘭的東正教會；被趕走的波蘭地主可以重返家園。

　　兼併烏克蘭和白俄羅斯是歷代沙皇對外政策的重要目標。

隨著俄國國內起義的平定和波蘭新國王的繼位，尤其是波蘭和烏克蘭已兩敗俱傷，俄國遂兼併行動。1653 年 7 月，俄國政府決定，同意接受烏克蘭加入俄國。同年 10 月 11 日，俄國縉紳會議批准政府決定。俄兼併烏克蘭戰爭爆發。

俄波戰爭持續 13 年，分為兩個階段：

第一階段（1654 － 1656 年）。1654 年 5 月，俄國 10 萬大軍在北線，分北、中、南三路向白俄羅斯和斯摩棱斯克地區的波軍發動進攻。北路俄軍從大盧基出發，連克涅維軍、波洛次克、維帖布斯克；中路俄軍從維雅茲馬出發，7 月攻克多羅戈布日，9 月攻克斯摩棱斯克；南路俄軍從布良斯克出發，沿羅斯拉夫爾—奧爾沙—鮑裡索索夫一線嚮明斯克推進。1654 年的交戰，俄軍與烏克蘭哥薩克軍協同作戰，不僅收復了俄羅斯西部的失地，而且占領了第聶伯河和道加瓦河之間的白俄羅斯地區和部分立陶宛地區。

1654 － 1655 年冬季，波蘭—韃靼聯軍在南線，即烏克蘭發動反攻。波軍與烏克蘭哥薩克軍發生激戰。波軍在莫吉廖夫獲勝後，進抵布沙，直逼烏曼。1655 年 1 月 10 日，波蘭—韃靼聯軍圍攻烏曼，久攻不克。南線波軍的勝利並不能扭轉敗局。

1655 年夏，俄軍在白俄羅斯—立陶宛戰場進展順利，連克明斯克、維爾紐斯以及考納斯和格羅德諾等重要城市。俄軍攻克白俄羅斯和立陶宛大部分土地。在烏克蘭戰場，俄國 - 烏克蘭哥薩克聯軍開始反攻，向西烏克蘭推進。9 月，聯軍包圍利沃

夫；北路俄軍占領盧布林，直抵維斯瓦河畔的下卡齊米日和普瓦維。波蘭首都華沙受到威脅。

1655 年 6 月，瑞典對波蘭宣戰，同時在波蘭領土上和波羅的海海域採取軍事行動，以阻止俄國進入波羅的海。1655 年 9 月 8 日和 10 月 19 日，瑞典軍隊相繼攻克華沙和克拉科夫。波蘭國王揚‧卡齊米日逃往西利西亞。

戰局的變化迫使俄國政府暫時對波蘭的軍事行動，加之俄國兼併烏克蘭和白俄羅斯的任務已基本實現，因此決定聯合波蘭，對付瑞典。俄國從 1656 年春開始與波蘭政府談判，俄波雙方於 1656 年 11 月 3 日，在維爾紐斯附近的涅米扎簽訂停戰協定，聯手投入對瑞典的戰爭，俄波戰爭第一階段結束。

第二階段（1658 － 1677 年）。1657 年 8 月 6 日，鮑‧赫麥爾尼茨基病故，貴族出身的伊‧維霍夫斯基接任烏克蘭哥薩克統領。

波蘭政府在俄國對瑞典作戰的 2 年內，獲得喘息之機，之後，拒絕承認烏克蘭和白俄羅斯重新併入俄國版圖。烏克蘭哥薩克上層維霍夫斯基等人奉行親波蘭政策，以圖脫離俄國。這一政策引起了烏克蘭哥薩克上層的分裂，烏克蘭陷入內戰。1658 年 6 月，維霍夫斯基的代表赴華沙同波蘭政府談判。9 月 16 日，波烏雙方代表簽訂《哈佳奇條約》烏克蘭以自治的「羅斯公國」名義加入波蘭 - 立陶宛國家。

《哈佳奇條約》的簽訂引起一部分親俄勢力的反對。烏克蘭

再次爆發反維霍夫斯基的起義，起義領導人為伊·鮑貢和伊·西爾科。為避免烏克蘭和白俄羅斯落入波蘭或土耳其、克里木汗國之手，俄軍及其支援下的哥薩克軍向波軍和維霍夫斯基的哥薩克軍發起進攻，俄波之間重開戰。1658 年 11 月，俄國和瑞典簽訂停戰協定。隨後，俄軍在白俄羅斯和立陶宛向波軍發動進攻。

1659 年 4 月，俄軍在烏克蘭包圍波軍一部，6 月失利。8 月，俄軍主力從基輔出發，在第聶伯河左岸地區告捷。維霍夫斯基逃亡波蘭。鮑·赫麥爾尼茨基之子尤里·赫麥爾尼茨基當選烏克蘭哥薩克統領。俄國取消了烏克蘭的自治地位。

1660 年 5 月 3 日，波蘭和瑞典兩國在格但斯克附近的奧利瓦簽訂和約，恢復兩國原先的邊界。波蘭重整旗鼓反擊俄軍進攻。同年 6 月 25 日，波軍在白俄羅斯大敗俄軍；接著 10 月 8 日，再敗俄軍。俄軍被迫退守波洛茨克和莫吉廖夫。同年 12 月，波軍相繼收復維爾紐斯和格羅德諾。

1660 年 9 月，波蘭－韃靼聯軍在楚德諾夫圍攻俄軍，11 月 3 日，俄軍由於彈盡糧絕被迫投降。與此同時，波蘭迫使尤里·赫麥爾尼茨基宣布脫離俄國，效忠波蘭國王。波軍控制第聶伯河右岸烏克蘭。波軍企圖奪占俄軍堅守的基輔，始終未能奏效。第聶伯河左岸烏克蘭的哥薩克不承認尤里·赫麥爾尼茨基，重選伊·勃柳霍維茨基為統領，烏克蘭分成兩部分。

1663 － 1664 年冬季，波軍向第聶伯河左岸烏克蘭發起進

攻，俄波戰爭進入白熱化狀態，雙方先後在格盧霍夫和北諾夫哥羅德展開激戰。波軍戰敗，退回右岸。

1664 - 1665 年，在第聶伯河右岸烏克蘭爆發一部分哥薩克和農民反對波蘭和親波統領的起義，但動搖不了新統領效忠波蘭國王的政策。

俄波之間長期的戰爭，造成波蘭國庫枯竭，無力再戰。1667 年 1 月 30 日，俄波雙方代表在斯摩棱斯克附近的安德魯索沃簽訂停戰協定：第聶伯河左岸烏克蘭和白俄羅斯的一部分以及斯摩棱斯克等省歸屬俄國；第聶伯河右岸烏克蘭和白俄羅斯一部仍歸屬波蘭。俄波戰爭結束。

俄波戰爭以波蘭的失敗和烏克蘭被兩國瓜分而告終。俄波13 年的戰爭，導致烏克蘭一分為二，烏克蘭人民遭受的民族壓迫更為殘酷。

這次戰爭進一步改變了兩國力量的對比：波蘭最終衰敗下去，逐漸在歐洲大國政治中消失；俄國力量迅速膨脹，在政治、經濟、軍事上日益增長了實力。等級君主制正在向君主專制制度過渡，正在形成全俄市場；強大的軍隊和源源不斷的財政收入都成為俄國對外擴張、爭奪歐洲霸權的重要基礎。俄國經過18 世紀初北方戰爭（1700 - 1721 年），終於躋身於歐洲強國之列。到 18 世紀末，沙皇葉卡捷琳娜二世透過三次瓜分波蘭，最終實現吞併烏克蘭的目標。

鄭成功：
從荷蘭手中奪回臺灣的輝煌

　　1661 － 1662 年，明將鄭成功為反擊荷蘭殖民者對臺灣的侵略，而發動了收復臺灣的戰爭。戰爭以明軍的勝利、荷蘭殖民者對臺灣 38 年的殖民統治的終結而告終。鄭成功收復臺灣的戰爭對整個西方殖民主義國家都產生了巨大的震懾效應。

　　16 世紀，通往東方的新航路被發現後，葡萄牙、西班牙、荷蘭等西方殖民主義勢力，在中國東南沿海地區進行掠奪，侵占領土。1624 年 8 月，侵占中國澎湖列島的荷蘭侵略者被明軍驅逐後，餘眾 2000 餘人逃往臺灣，在臺南臺江登陸，並修築臺灣城（今臺灣臺南市西安平港）、赤嵌樓（今臺灣臺南市西北的鎮北坊）等城堡。1642 年荷軍在淡水（今臺灣新竹）擊敗西班牙軍隊後，迫使西班牙殖民勢力從臺北地區撤出，從而獨霸臺灣全島。

　　鄭成功（1624 － 1662）名森，字大木，南明監生，後受隆武帝賜姓朱，名成功，民間尊稱國姓爺。鄭成功適應人民要求，決意收復臺灣。1659 年後，他開始了入臺的戰爭準備：不斷偵察臺灣方面情況，瞭解荷軍兵力配備、設防、航路等情況，繪製要圖，制定渡海計劃；籌備糧餉；練兵造船；加強水師等。今天人們看到的廈門的水操臺、演武場、演武池、演武亭等都是鄭成功操練軍隊的地方。與此同時，他決心首先收復

澎湖，並以之為前進基地，乘漲潮之機，透過鹿耳門港登陸，切斷臺灣城、赤嵌樓兩地荷軍聯絡，分別予以圍殲，然後收復臺灣全島。

1661 年 3 月 1 日，鄭成功在金門舉行隆重的「祭江」誓師儀式。4 月 21 日，鄭成功親率第一樓隊乘船自金門料羅灣出發，次日晨占領荷軍防守力量薄弱的澎湖各島。然後冒著風雨、頂著沒有糧食等困難，向鹿耳門港進發。4 月 30 日拂曉，到達鹿耳門港外。當晚，大小船隻到齊，荷軍「不勝驚駭」，認為「兵自天降」，急忙從海陸兩方面組織反擊。當敵艦進攻時，鄭成功令陳廣和陳沖率領 60 艘戰船（每隻有大炮 2 門）將敵船包圍起來，從四面八方向敵艦攻擊。當敵主力戰艦赫克託號被擊沉，其他敵艦逃跑時，很快又被鄭軍艦隊追上，透過接舷戰、肉搏戰、火攻戰，將一艘敵艦燒燬，而通訊船馬利亞號則逃往馬達維亞。5 月 1 日，荷蘭軍隊在臺灣城上觀察到北線尾上的鄭軍戒備不嚴，立即令貝爾德上尉率領 240 名士兵襲擊。鄭軍將領陳澤毫不慌張，令 3000 人正面迎敵，800 人迂迴敵後，前後夾擊，一陣激戰，殲敵大部，貝爾德上尉也被擊斃，僅少數人死裡逃生。荷軍阿爾多普上尉率 200 名士兵乘船渡海為赤嵌樓的荷軍解圍，很快就被鄭成功派出的特種部隊「鐵人」擊潰。

荷軍兩次反擊均遭慘敗後，收縮兵力，在固守待援的同時，不但不投降，反而派人勸鄭成功撤兵。鄭嚴詞拒絕，令部隊從水陸兩路圍攻臺灣城。該城周長 277 丈，高 3 丈餘，共 3

層，城牆四角外突，視野開闊，設炮數 10 門，易守難攻。鄭成功 4 月 28 日下令攻城，久攻不下。

7 月 5 日，巴達維亞當局根據被鄭軍水師擊敗後逃到巴達維亞的通訊船報告的情況，命雅科布・考宇為臺灣司令官，統率 12 艘快艇、貨船和 725 名士兵出發，於 8 月 12 日到達臺灣海面。鄭成功得知此情後，採取圍點打援的辦法，挫敗了荷軍的救援，俘、擊荷船多艘，考宇逃回巴達維亞。城中荷軍援救無望，糧、藥缺乏，疾病傳染，戰死病亡已達 1600 餘人，僅存 700 餘名官兵，士氣低落。1662 年 1 月 25 日，鄭成功下令在烏特勒支堡南端建起來的炮臺上向城內發射炮彈，荷軍亂作一團，最後決定：「一致同意並決定立即寫信通知鄭成功，我們願意和他談判，在優惠條件下交出城堡。」2 月 1 日，荷蘭侵略者終於被迫在投降書上簽字。至此，淪為荷屬殖民地達 38 年之久的臺灣，被鄭成功收復了。

臺灣的回歸，不僅是對荷蘭侵略者的回擊，而且對西方殖民主義國家也是一個嚴重警告。16 世紀中葉，正是殖民主義向外擴張時期，也是東亞等許多國家遭受殖民統治癒重的時期。對荷蘭殖民者的打擊，對殖民地人民是一個巨大的精神鼓舞，因而從一定程度上推動了亞洲反殖民主義的運動，也在一定程度上遏止了荷蘭、葡萄牙、西班牙等殖民主義者的擴張態勢。

北方戰爭：
塑造俄羅斯帝國的戰役

北方戰爭發生於 1700 － 1721 年，它是俄國為爭奪波羅的海及其沿岸地區，而與瑞典進行的長達 21 年的戰爭。俄國取勝，得以自由進入波羅的海，俄羅斯帝國崛起，自此成為歐洲列強之一。這雖是一場各國戰爭，但以彼得一世領導的俄國為主角，故又稱之為「彼得大帝的戰爭」。

瑞典長期稱霸波羅的海，到 17 世紀末，與周邊國家丹麥、波蘭、俄國等國的領土爭端激化。1699 年，俄沙皇彼得一世、丹麥國王和波蘭薩克森奧古斯特二世締結關於對瑞作戰的條約（「北方同盟」）。瑞典國王查理十二世針對反對各國同床異夢、互不協調的弊端，採取各個擊破的戰略方針。

戰爭初期，彼得一世的戰略方針是奪取波羅的海出海口，預定攻擊的第一目標是瑞典要塞納爾瓦。1700 年 9 月 2 日，彼得一世率部從莫斯科向納爾瓦開進，俄軍在納爾瓦外圍集結，並構築平行壕。與此同時，奧古斯特二世進軍立窩尼亞，包圍里加。正當俄軍開始圍攻納爾瓦時，奧古斯特二世卻解除了里加之圍，從而使查理十二世得以率軍 8000 馳援納爾瓦。

11 月 30 日，查理十二世突然出現在納爾瓦地區，完全出乎俄軍意料。雙方兵力火力對比，俄軍都占優勢，然而，俄軍不

敢貿然應戰，按兵不動。14 時許，瑞軍率先攻擊，雙方交戰，俄軍軍官率先投降，俄軍慘敗，退守諾夫哥羅德。納爾瓦失利，彼得一世從中汲取經驗教訓，加緊建立正規陸、海軍，發展軍事工業，準備再戰。查理十二世認為俄軍已無力再戰，遂於 1701 年率軍進入波蘭。

1701 年，彼得一世在瑞軍轉戰波蘭之際，再次對波羅的海沿岸發動進攻。1702 年，俄軍相繼奪占諾特堡、呂恩尚茨、場堡和科波雷等地。在涅瓦河上大興土木，建立新教聖彼得堡。1704 年，俄軍又攻占多爾帕特、納爾瓦和伊凡哥里德。1705 年，俄軍進入波蘭。1706 年，瑞典軍占領薩克森，奧古斯特二世戰敗求和，被迫放棄波蘭王位。之後，俄瑞議和不成，雙方準備再戰。

1707 年秋，查理十二世從薩克森出發東征俄國，波境內俄軍迅即撤回本土。1708 年初，瑞軍占領格羅德諾，6 月強渡別列津納河，7 月在戈洛夫欽附近殲滅俄軍一部。俄邊境城市莫吉廖夫守軍投降。彼得一世在瑞軍進軍路上實行堅壁清野，給瑞軍造成極大困難，使其放棄對斯摩棱斯克的進攻，轉向烏克蘭，以等待援軍，並期望反俄哥薩克統領馬澤帕的配合。1708 年 10 月 9 日，彼得一世在列斯納亞村殲滅瑞典援軍，而後襲擊馬澤帕的基地巴圖林。進入冬季以後，天氣奇寒，瑞軍大量減員，被迫於次年春南移。瑞軍進入烏克蘭以後，分散在羅姆內、卡佳奇、普里盧基和洛赫維察等地過冬。

俄軍駐紮在切爾尼哥夫、基輔、佩列亞斯拉夫和波爾塔瓦等地，從北、西、南三面對瑞軍形成包圍態勢，繼續以小戰襲擾敵人。

　　1709 年春，查理十二世決定經哈爾科夫和別爾哥羅德進攻莫斯科，為此，4 月底進抵戰略要地波爾塔瓦。5 月 11 日，瑞軍開始圍攻波爾塔瓦，歷時兩月有餘，始終未克。7 月 6 日，彼得一世率俄軍主力進至距波爾塔瓦 5 公里的雅可夫策村以北，並占領陣地，決定同瑞軍決一雌雄。

　　7 月 8 日凌晨 2 時，3.2 萬瑞軍與 4.2 萬俄軍展開激戰。瑞軍擺開戰鬥隊形，開始出擊，俄軍首先以騎兵迎擊。3 時，雙方在前沿陣地展開激戰，俄軍依託工事，牽制殺傷敵人，為俄軍主力出擊爭取了時間。4 時，俄軍主力做好出擊準備。瑞軍進攻受阻，一部向波爾塔瓦森林逃竄，被俄緬希科夫部追殲；另一部撤至俄軍陣地右前方森林地帶。9 時，雙方經重新部署後的短促交戰，立即投入白刃格鬥。瑞軍右翼部曾一度突破俄軍中部，俄軍實施有力的反突擊，堵住缺口。伯軍騎兵包抄瑞軍兩翼，對其後方造成威脅；瑞軍動搖，從退卻變為潰逃。11 時，瑞軍傷亡近萬，數千被俘。7 月 11 日，瑞軍殘部約 1.6 萬人在佩列沃洛奇納不戰而降，查理十二世帶馬澤帕和少數隨從逃入土耳其。

　　波爾塔瓦會戰是北方戰爭的轉折點。此後，丹麥、薩克森恢復與沙俄的結盟，奧古斯特二世重登波蘭王位，普魯士和漢

諾威也加入北方同盟。1710 年，俄軍乘勝在波羅的海沿岸先後攻占里加、雷瓦爾、維堡、凱克斯霍爾姆和厄塞爾島等要地。

波爾塔瓦會戰後，俄土關係又趨緊張。逃亡土耳其的查理十二世鼓動土耳其政府對俄宣戰。鑑於南線吃緊，彼得一世決定在波羅的海方向停止進攻，主力轉到南線，計劃從巴爾幹對土耳其實施突擊。1711 年夏，彼得一世親率俄軍主力 4 萬餘人，向多瑙河下游冒進。土耳其出動 10 萬大軍，在克里木軍的配合下，包圍俄軍於普魯特河畔。7 月 20 日，雙方激戰，俄軍彈盡糧絕，彼得一世被迫求和。最終彼得一世以歸還亞速及其附近地區為代價與土耳其達成停戰協定。俄軍在對土戰爭結束後，恢復對瑞典的進攻。

1713 年，俄陸軍在艦隊配合下，在芬蘭灣沿岸維堡與赫爾辛基之間登陸，連克芬蘭許多城市。1714 年夏，俄海軍在芬蘭灣漢科角附近與瑞典艦隊展開海戰。8 月 7 日，俄海軍經 2 小時激戰大敗瑞典艦隊。

漢科角海戰後，俄艦隊占領芬蘭與瑞典之間的海上跳板奧蘭群島，並以此為依託，在瑞典本土登陸。此時，各盟國由於顧慮俄國在波羅的海勢力的龐大，因而打亂了俄在瑞典南部登陸的計劃。加之英國開始施加壓力，俄國所有盟國先後同瑞典議和。1718 年，俄、瑞也開始議和，但查十二世在挪威前線中彈身亡，瑞典新女王在英國影響下拒絕和談。談判中斷，戰事又起。

1720 年，俄海軍在格雷厄姆島附近大勝瑞典艦隊，多次在

瑞典沿海登陸，直逼首都斯德哥爾摩。1721 年夏，俄海軍再敗瑞典艦隊。9 月，瑞典已無力再戰。俄、瑞雙方和芬蘭尼斯塔德簽訂和約，結束戰爭。俄國奪取了卡累利阿的一部分和英格曼蘭、愛斯特蘭、立夫蘭等大片土地。同時，俄軍退出芬蘭其餘地區，並將奧蘭群島歸還瑞典。從此，俄國人得以自由地進入波羅的海。戰後，俄國樞密院奉彼得一世以「大帝」尊沙皇俄國正式稱「俄羅斯帝國」，一躍而成歐洲列強之一。

北方戰爭雖然是多國戰爭，但沙皇彼得一世既是戰爭的主角之一，又是最大的勝利者。

彼得一世把戰爭作為侵略擴張的主要手段。同時，他又十分重視外交鬥爭與軍事鬥爭的密切配合。無論是戰前，還是戰時，他都竭力拼湊軍事聯盟，力爭最大限度孤立敵人；以軍事為後盾，迫敵接受俄停戰條件。在面臨南北兩個大敵（土耳其與瑞典）夾擊下，力避兩線作戰。他善於觀察形勢的變化，根據新的條件，實行戰略轉變。彼得一世崇尚進攻性戰略，在作戰和建軍上的思想和實踐，對俄國軍事的發展產生了深遠影響。

瑞典戰爭潛力沒有俄國雄厚，瑞典的霸權政策招致波羅的海沿岸各國的反對，樹敵過多。加之在波爾塔瓦會戰之後，瑞軍遠離後方，孤軍深入敵面腹地，犯了盲動和冒進的大錯，導致全軍覆沒。

北方戰爭：塑造俄羅斯帝國的戰役

奧土戰爭：
帝國日落與權力更迭的篇章

　　16 — 18 世紀間的奧土戰爭，是奧地利和土耳其為爭奪東南歐和中歐霸權而進行的一場曠日持久的戰爭，戰爭持續了近三個世紀，鄂圖曼帝國日趨衰落，多民族的奧匈帝國開始形成。

　　鄂圖曼土耳其人原是一支游牧突厥部落。13 世紀末葉，鄂圖曼突厥部落酋長的兒子鄂圖曼襲封後，宣布成立獨立公國，遂不斷進行擴張，於 1326 年建立鄂圖曼帝國。14 世紀，鄂圖曼土耳其乘拜占庭帝國內訌，開始插足歐洲。到 14 世紀末，巴爾幹的絕大部分土地都處於土耳其的統治之下。15 世紀，土耳其開始對拜占庭帝國展開新的攻勢。1453 年 5 月 29 日，君士坦丁堡被土耳其占領。鄂圖曼帝國遷都君士坦丁堡，更名為伊斯坦堡。1461 年，拜占庭帝國滅亡。到 15 世紀末葉，鄂圖曼帝國已經占有幾乎整個小亞細亞和巴爾幹半島，成為當時最強大的軍事封建帝國。

　　鄂圖曼土耳其占領君士坦丁堡和東部地中海後，直接威脅巴爾幹鄰近的波蘭、捷克、匈牙利、奧地利等國。這些國家不斷與鄂圖曼土耳其發生爭鬥，以哈布斯堡家族為首的多民族的奧地利國家也在長期爭鬥中形成。從此，奧地利和土耳其為爭奪東南歐和中歐的霸權，雙方展開了曠日持久的戰爭。

鄂圖曼帝國在 1453 年占領君士坦丁堡後，繼續對外擴張。塞利姆一世在位期間（1512 － 1520 年），開始對伊朗的戰鬥，占領南高加索的亞塞拜然、喬治亞一部和庫德斯坦。蘇里曼一世在位期間（1520 － 1566 年），鄂圖曼帝國達到鼎盛時期。蘇里曼進行多次擴張，1521 年，進占貝爾格萊德和羅德斯島。1526 年 8 月，土耳其軍隊在摩哈奇附近打敗匈牙利和捷克聯軍。土耳其在匈牙利東部有了立足之地，也就有了向西進一步擴張的跳板。匈牙利王國其餘領土歸奧地利哈布斯堡王朝管轄。匈牙利內部呈現兩派，一部分貴族選立斐迪南為王，藉以與土耳其對抗。土耳其蘇里曼王支援另一部分貴族選立查帕爾亞為王，反對斐迪南，與哈布斯堡王朝發生直接衝突。1529 年，土耳其蘇里曼向匈牙利中部發起進攻。9 月，占領布達，入侵奧地利，並開始圍攻維也納。但是，土耳其屢攻不克，最後由於糧秣匱乏和疾病流行被迫撤退。1530 年，奧地利與土耳其進行和談，但未達成任何協議。1532 年夏，雙方重又開戰，奧軍在查理五世統率下，在匈牙利中部地區，阻止了土軍的進攻。1533 年 7 月，奧土雙方在伊斯坦堡簽訂和約。根據條約規定，匈牙利西部和西北部仍歸奧地利管轄；奧地利每年向土耳其蘇丹納貢 3 萬杜卡特（古威尼斯金幣）；匈牙利其餘部分歸蘇里曼控制，奧軍保證不對駐軍進攻。

　　1540 － 1547 年，土耳其與法國國王法蘭西斯一世聯盟，反對哈布斯堡王朝。土軍趁奧地利大部兵力被牽制在義大利北

部和法國東部邊境之際，對匈牙利西部發起攻勢，於 1541 年和 1543 年先後占領布達和埃斯特格。1544 年，奧地利與法國媾和，奧軍得以抽出與法作戰的兵力阻止土軍的前進。1547 年，奧土雙方簽訂《亞德里亞堡和約》，奧地利把匈牙利中部地區割讓給土耳其，匈中部地區的政權落入土耳其代理人之手。哈布斯堡王朝承認土耳其對匈牙利大部地區的統治。1551 － 1562 年，奧土雙方為爭奪特蘭西瓦尼亞而展開爭鬥。土耳其軍隊獲得區域性勝利：1552 年，攻占特梅什瓦爾（今蒂米甚瓦拉）；1553 年，攻占埃格爾。但是，根據 1562 年的雙方和約，土耳其寸土未得，雙方呈膠著狀態。在 1566 － 1568 年的戰爭中，土耳其仍無建樹。

1592 － 1606 年的戰爭是由土耳其挑起的，雙方各有勝負。根據 1606 年雙方締結的《西特瓦託羅克和約》，奧地利首次被承認為平等的締約一方。1660 － 1664 年的戰爭，是因土耳其大舉進犯匈牙利西部地區而爆發的。雙方於 1664 年 8 月，在拉布河畔的聖戈特哈特附近進行了決戰，土軍遭奧軍迎頭痛擊失利。根據 1664 年雙方締結的《瓦什瓦爾和約》，土耳其從特蘭西瓦尼亞撤軍，但該地區仍屬鄂圖曼帝國所有。

雙方經過 16 － 17 世紀的角逐，鄂圖曼帝國已經渡過它的強盛時代。從 16 世紀後期開始，鄂圖曼帝國對西方的威脅的趨勢逐漸減弱。由於廣大農民和被征服民族的反抗，地方貴族的離心傾向和宮廷貴族爭奪政權的內訌，以及因侵略擴張政策而

引起的與鄰國的不斷戰爭，土耳其的實力開始走向衰落。到 17 世紀中期，土耳其矛盾重重，內外交困，越來越走向衰落。

在 1683 － 1699 年的戰爭中，土耳其企圖聯合對奧地利哈布斯堡王朝不滿的匈牙利封建主的軍隊進行對奧的戰爭。1683 年 7 月，土耳其軍隊圍困維也納。奧軍得到波蘭軍隊的支援，9 月，土軍被擊潰，損失慘重：死亡 2 萬餘人，損失火炮 300 門。維也納一戰的敗北，迫使鄂圖曼帝國轉入防禦，並逐步撤離中歐。1684 年，奧地利、波蘭和威尼斯之間建立反土耳其的「神聖同盟」，1686 年，俄國加盟。此後，戰局發生變化。1686 年，奧軍攻占被土耳其占領的布達，1687 － 1688 年，先後占領匈牙利東部、斯拉沃斯基布羅德、貝爾格萊德等地。1689 年，土耳其海軍在多瑙河上的維丁城附近敗北。同年，土耳其曾一度扭轉敗局，迫使奧軍放棄原先占領的保加利亞、塞爾維亞和特蘭西瓦尼亞等地。由於俄國的參戰，使奧地利得以恢復原來的態勢。1697 年 9 月，奧軍在蒂薩河畔澤特一戰獲勝，土軍亡 3 萬餘人，損失全部火炮和輜重。根據 1699 年奧地利、波蘭、威尼斯與土耳其簽訂的《卡洛維茨條約》，以及次年俄國、土耳其簽訂的《伊斯坦堡和約》，奧地利獲得了匈牙利、斯拉沃斯基布羅德、特蘭西瓦尼亞和克羅埃西亞大片領土；波蘭獲得第聶伯河西岸烏克蘭南部和波多里亞；威尼斯獲得摩裡亞和愛琴海中的土屬各島；俄國獲得亞速夫要塞。這是對鄂圖曼帝國的第一次分割。

進入 18 世紀，土耳其利用俄國與瑞典戰爭的機會，伺機報復俄國，土耳其取得了勝利。1716 年，土耳其乘勝向奧地利開戰，但告失敗。1716 年 10 月，奧軍攻占特梅什瓦爾；1717 年 8 月，在貝爾格萊德附近擊潰土軍，貝爾格萊德守軍投降。根據 1718 年《波日阿雷瓦茨和約》，土耳其又失去包括貝爾格萊德在內的塞爾維亞北部。1735 － 1739 年期間，鄂圖曼帝國連戰失利，奧軍開始取得部分勝利，占領了波斯尼亞、塞爾維亞等地。1788 － 1790 年期間，根據 1781 年奧俄同盟條約，奧軍發起進攻，1788 年 9 月，在洛多什城附近被土軍擊潰。俄軍在俄土戰爭中的獲勝使奧軍得以整頓兵力，重新轉入進攻。1789 年 10 月，奧軍經過三個星期的圍攻，攻占了貝爾格萊德，接著又攻陷謝苗德利亞、波日阿雷瓦茨等要塞。歐洲形勢，尤其是法國大革命後形勢的變化促使奧地利退出戰爭。1790 年之後，奧地利和土耳其在解決雙方衝突時不再訴諸武力，並且轉而相互合作。

　　奧土戰爭持續近三個世紀。鄂圖曼帝國的對外擴張政策激起了各鄰國之間的不滿，促使各鄰國結成反土耳其的「神聖同盟」，在戰略上把自己擺在東南歐和中歐國家的對立面，「失道寡助」。長期的征戰使國庫空虛，激起了廣大農民和被征服民族的反抗。這一切都加速了鄂圖曼帝國的衰落。奧土戰爭之後的鄂圖曼帝國日趨衰落，給歐洲各國瓜分土耳其的歐洲領土創造了契機，也促進了多民族的奧匈帝國的形成。

奧土戰爭：帝國日落與權力更迭的篇章

西班牙王位爭奪戰：
法國的霸權夢碎之時

　　發生於 1701 — 1714 年的西班牙王位繼承爭奪戰爭，表面上看來是英、法、荷、奧等國為西班牙王位繼承權問題而展開的激烈爭鬥，然而，其實質則是諸列強借機進行的一場規模空前的殖民地大掠奪。戰爭結束，法國在西歐的霸權地位也隨之終結了。

　　18 世紀初，殖民主義者爭奪殖民地已發展到了瘋狂的程度。法國在印度占據了本地治里等地；在非洲占領了馬達加斯加；在北美，除繼續加強在加拿大的殖民統治外，又在密西西比河流域建立了廣大的路易斯安那殖民地。有了這樣多的殖民地，才使得國王路易十四狂妄起來，在國內大興土木，包括修建富麗堂皇的凡爾賽宮殿、開闢巨大的園林，以窮奢極欲來顯示他的無限權威；不容法國人有天主教以外的信仰，以實現他夢寐以求的幻想，即在法國只能有「一個國王，一個法律，一個上帝」。對外方面，路易十四野心勃勃，力圖擴張領土。其目標是：在法國的東北向外發展，以便取得易於攻守的天然疆界；把波旁王室的一個王公置於西班牙的王位，以擴大法國的力量並控制西班牙海外的殖民地。

　　1700 年，西班牙國王查理二世逝世，但沒有子嗣繼承王

位。按照親屬關係，既可由哈布斯堡王朝的人繼承，也可以由波旁王朝的人繼承（因查理二世屬於哈布斯堡王朝旁系，但他又是路易十四的內弟）。由於法國外交活動結果，查理二世的遺囑要把王位傳給路易十四的一個孫子安茹公爵菲利普。但是，由於歷史的原因，英國、荷蘭、奧地利以及德意志境內的普魯士群起反對，他們結成同盟，對法作戰。於是，從 1701 年起，「西班牙王位繼承戰爭」開始了。

這次戰爭，實際上是同盟戰爭。一個同盟以封建君主專制的法國為首，西班牙、巴伐利亞、科隆和其他幾個德意志國、薩伏依（很快就轉到敵對一方）、巴馬參加；另一個同盟以奧地利和英國為首，荷蘭、葡萄牙、布蘭登堡以及許多德意志小國和義大利小國參加。

1701 年，法奧未經正式宣戰即在義大利領土上開始軍事行動。1702 年 5 月，英國和荷蘭（1701 年兩國在海牙締結所謂「大同盟」，並與「神聖羅馬帝國」皇帝結成同盟）站到奧地利一方參戰。1702 － 1704 年，在義大利、西班牙和海上都發生過戰鬥。陸上的戰鬥行動僅侷限於爭奪要塞、實施行軍機動和迂迴運動。野戰很少進行，僅在解除要塞包圍時才使用。1704 年，英軍從海上攻占了直布羅陀。同年，奧英同盟軍集中主要精力擊潰法國盟國巴伐利亞。1704 年 8 月 13 日，薩伏依的葉夫根尼和馬爾波羅公爵統率的奧英聯軍（達 6 萬人）在豪什塔特附近擊潰法巴軍隊（約 6 萬人），斃俘達 2.8 萬人，使戰爭的程式變得有

利於自己。1706 年 9 月 17 日，薩伏依的葉夫根尼統率的奧軍在義大利都靈附近取得了巨大勝利。戰鬥以後，法軍渡過波河，撤回本國。都靈之戰證明，在防禦戰中以線式戰鬥隊形抗擊集中突擊是毫無用處的。1706 年，法軍在尼德蘭的拉米利一帶遭到失敗。

法軍僅僅在西班牙取得了幾個區域性性勝利，對整個戰爭進展沒有產生影響。1707 年 7 月，奧英聯軍開始入侵法國，在包圍土倫長期未克之後返回義大利。西班牙王位繼承戰爭中最後一次大規模交戰，於 1709 年 7 月 11 日發生在尼德蘭馬爾普拉凱村附近。1709 年秋季，要塞爭奪戰持續不斷。1710 － 1714 年，交戰雙方持續打消耗戰，都避免決戰。英奧兩國軍隊在兵力上雖占明顯優勢（聯軍為 16 萬人，法軍為 7.5 萬人），但沒有對法採取積極行動。戰略不果斷的原因在於：當時俄國在北方戰爭（1700 － 1721 年）中獲勝。英國為了竭力阻撓俄國在歐洲占據主導地位，改變政治方針，不願將法國徹底擊敗，揹著自己的盟國開始與其和談，實際上停止了對法作戰。在英國的影響下，荷蘭、布蘭登堡、薩伏依和葡萄牙也都放棄了積極的戰鬥行動。

1713 年 4 月 11 日，以法國和西班牙為一方，以英國、荷蘭、布蘭登堡、薩伏依和葡萄牙為另一方，簽訂了《烏得勒支和約》。1714 年，奧法又簽訂《拉什塔特和約》。

西班牙王位繼承權爭奪戰，結束了法國在西歐的霸權地

位。根據和約，法國將早先侵占的西班牙在北美的部分領地劃歸英國，法國承認了英國對紐芬蘭和哈德遜灣周圍地區的權利的要求。法國還割讓一些地方給奧地利和荷蘭，撤回駐洛林的軍隊。哈布斯堡王朝，擴大了自己的勢力範圍。英國在西班牙勢力加強。根據和約，法國的腓力普雖保有西班牙王位，但以他和他的後代永不能繼承法國的王位為條件，並規定法西兩國不能合併。同時由於在戰爭中法國屢遭失敗，國民經濟受到嚴重破壞，財政破產，民不聊生，國力大為削弱，盛極一時的法國開始走下坡了。

這次戰爭是以掠奪殖民地為根本目的，具有空前規模的大衝突，其基本特點是：時間長、範圍廣、規模大；多數交戰在夏季進行；注重機動作戰，進攻行動的地位更加突出等。這些特點，特別是攻勢作戰、機動作戰對世界軍事產生了重大影響。

奧地利王位爭奪戰：
權力的博弈與歐洲的未來

　　奧地利王位繼承爭奪戰爭，是歐洲兩大聯盟為爭奪奧屬領地，因奧地利王位繼承權問題而引起的直接的軍事對抗。在1740 － 1748 年歷時八年的戰爭中，先後有 10 多個國家參戰，各國的利益需求在戰爭中，透過集團政治充分地表現了出來，中歐是主要戰場。

　　在哈布斯堡王朝鄰地體系中，奧地利不僅是重要的組成部分，而且是這個王朝的政治中心。

　　經過不斷的兼併，領土不僅包括日耳曼人居住的地區，而且包括捷克人和南部斯拉夫人的地區，成為一個多民族的國家。哈布斯堡王朝從十七世紀下半期起，力圖加強中央集權，以求鞏固奧地利這個多民族國家。查理六世統治時期（1711 － 1740 年），財政日益空虛，軍事力量削弱。奧皇查理六世於1740 年 10 月 20 日死後無嗣，其長女瑪利亞‧特蕾西亞依據1713 年《國制詔書》承襲父位。查理六世死後，普魯士、法國、巴伐利亞、薩克森、西班牙、皮埃蒙特、薩丁、那不勒斯王國聯盟拒絕承認瑪利亞‧特蕾西亞的繼承權，而奧地利、英國、捷克、匈牙利、荷蘭、西利西亞、俄國聯盟從其各自的既得利益出發，則全力支援瑪利亞‧特蕾西亞的繼承權。由此而爆發

了長達 8 年之久的由兩次西利西亞戰爭所構成的奧地利王位繼承戰爭。

1740 年 12 月，普魯士國王弗里德里希二世趁奧地利王位空懸之機，率普軍 2.5 萬人突然攻入西利西亞，由此展開了第一次西利西亞戰爭。

普軍突然而迅猛的襲擊，使兵力薄弱的奧軍猝不及防。1741 年 1 月 3 日，普軍攻入西利西亞首府布雷斯特。至 1741 年 1 月底，整個西利西亞除格洛高、布里格和尼斯三個要塞外，均為普軍占領。奧軍被迫退守摩拉維亞，而普軍則沿摩拉維亞邊境駐防。此後，雙方採用持久機動的作戰方法，企圖破壞對方的補給線，迫使對方後退。

莫爾維茨會戰是此次戰爭最大的一次會戰。1741 年 4 月 10 日，弗里德里希二世率兩萬人，兵分 5 路進至西利西亞的莫爾維茨村，與奧軍統帥奈伯格將軍率領的 1.9 萬奧軍遭遇。此役，普軍傷亡 4850 人，奧軍傷亡 4550 人。莫爾維茨會戰後，普魯士積極尋求盟友，1741 年 6 月與法國秘密結盟。巴伐利亞、薩克森和西班牙等相繼投入對奧地利的戰爭。至 1741 年，歐洲大多數國家被捲入戰爭。

1742 年 1 月，奧軍沿多瑙河向巴伐利亞發動進攻，並對波希米亞構成威脅。鑑於此，弗里德里希二世率普、法、薩克森聯軍 3.4 萬人進至摩拉維亞與奧地利交界處，佯裝奪占奧地利首府維也納之勢。在解波希米亞之危後，普軍於 4 月初調頭北上，

於 1742 年 5 月 17 日，在波希米亞的霍圖西茨與格林的卡爾親王率領的 3 萬奧軍遭遇，普軍左翼騎兵以快速衝擊將奧軍騎兵擊潰。但由於普軍後續不繼，遂被奧軍擊退。經激戰，雙方不分勝負。最後，一直隱蔽待機的普軍右翼步兵出擊，一舉將奧軍擊退。此役，雙方損失慘重。奧軍損失 6330 人，並有一批官兵被俘。普軍損失 4800 人。6 月初，奧地利被迫停戰。7 月 28 日與普魯士在柏林簽訂和約。根據和約規定：奧地利把幾乎整個西利西亞及格拉茨公爵領地割讓給普魯士。第一次西利西亞戰爭就此結束。

西利西亞停戰後，奧地利極欲奪回失地，便聯合英國、漢諾威、黑森、荷蘭等在其他戰區積極行動起來，至 1742 年底，奧軍相繼占領波希米亞和巴伐利亞，把法國聯軍逐出波希米亞。1743 年 2 月 8 日，由特勞恩伯爵、元帥率領的奧地利 —— 皮蒙特軍隊，為阻止由莫特馬爾率領的西班牙軍隊與孔蒂率領的法國軍隊會合，在義大利帕納羅河畔的坎波桑託與西班牙軍隊交戰，結果兩敗俱傷。1743 年 6 月，由英王喬治二世和奧地利的奈伯格將軍率領的英、奧、荷、黑森、漢諾威聯軍約 4 萬人，由納瑙向阿沙芬堡開進，途中其退路被法軍截斷。法軍 6 萬人，由法國公爵諾瓦耶元帥統率，其中 2.3 萬人部署在德廷根附近，由格拉蒙將軍指揮；主力部署在美因河彼岸。6 月 27 日，格拉蒙離棄陣地，主動向英、奧聯軍發起進攻。經數小時浴血激戰，法軍損失較大，主動撤退。此役法軍損失約 4000 人，聯軍

損失約 3000 人。同年，奧地利與薩克森訂立防禦同盟，並得到薩克森的軍隊援助。1744 年夏，奧軍開進阿爾薩斯，侵入那不勒斯王國。

1744 年 8 月 17 日，普魯士不宣而戰，突然攻入與奧地利結盟的薩克森，並同時向波希米亞發動進攻。同年 9 月 16 日，普軍攻占布拉格，第二次西利西亞戰爭由此開始。

開始後最初幾個月，奧軍屢遭慘敗。後來，奧軍一方面採取拖延戰略，避免與普軍決戰，不斷以小戰消耗普軍，使普軍損失近 1.2 萬人，相當於其主部軍隊的五分之一；另一方面，破壞普軍交通線，襲擊其補給縱隊，斷其糧草供應。

1744 年 11 月 26 日，普軍放棄布拉格，退至西利西亞，輜重和重火炮也損失殆盡。此後，普軍被迫轉入防禦。

1745 年初，奧軍接連打敗法軍和巴伐利亞軍。5 月，向西利西亞發動進攻。5 月 26 日，普軍約 5.9 萬人隱蔽部署在西利西亞的霍亨弗裡德貝格附近，伺機殲滅奧、薩聯軍。6 月 4 日 4 時許，普軍先後對奧、薩聯軍發起攻擊，分別將其擊潰。8 時許，交戰結束。聯軍傷亡 1.38 萬人，相當於普軍傷亡人數的 3 倍。

9 月 30 日，奧、薩聯軍在索爾以兩倍於普軍的兵力向普軍發動進攻。但未利用初戰告捷擴大戰果，反被普軍擊敗，損失約 7500 人。12 月 25 日，普魯士與奧地利、薩克森簽訂《德勒斯登和約》。根據和約，奧地利將幾乎整個西利西亞割讓給普魯士，但普魯士同時承認瑪利亞・特蕾西亞的丈夫弗朗茨・斯特凡大公

為「神聖羅馬帝國」皇帝。第二次西利西亞戰爭至此結束。

在以後幾年中，奧屬荷蘭成了主要戰場。薩克森公爵莫里斯指揮的法軍雖多次戰勝奧、英聯軍，並攻占奧屬荷蘭，但在義大利北部和海上的戰鬥中失利。1746 年，奧、俄同盟條約重新生效。經過長期談判，1748 年 1 月，俄軍一個軍進入普魯士。法國害怕俄軍進逼萊茵，同意舉行和談。10 月，簽訂《亞琛和約》（1748 年）。根據和約，普魯士得到西利西亞大部領土；西班牙得到奧地利在義大利的領地；奧地利在義大利的某些領地轉歸薩丁；法國放棄在荷蘭和印度的征服地。然而，《亞琛和約》的簽訂，只不過是「七年戰爭」爆發前的一次休戰，並沒有解決歐洲列強間固有的矛盾。

奧地利帝位繼承戰爭，對西歐影響最大的是在政治方面。這次戰爭實際上是兩大聯盟的對抗，有 10 多個國家先後參加。這其中，各個國家的利益需求是透過集團政治表現出來的。並且有的國家利用聯盟對抗達到了既定的政治目的，認識了國家集團的優勢。加之各國之間政治上相互聯絡有著根深蒂固的歷史，所以，自這次戰爭以後，西歐政治力量之間的分化與組合，聯盟與對抗，更為明顯了。

奧地利王位繼承戰爭發生在封建社會和資本主義社會交替時期，它既有中世紀後期戰爭的一般特點，又孕育著新時代戰爭的萌芽，體現了進步的作戰思想和方法與落後的作戰思想和方法的較量。

七年戰爭：
全球殖民地的大角力

發生於 1756 — 1763 年的七年戰爭，是由英國、法國、普魯士、奧地利、瑞典、薩克森、俄國等國參加的，旨在爭奪殖民地或領地，這場戰爭導致了歐洲勢力大幅度調整。

英國的目的是奪取法國的殖民地，確立完整的制海權；普魯士打算吞併薩克森，並把波蘭變成自己的附屬國；奧地利企圖削弱自己在爭奪中歐霸權鬥爭的對手普魯士，奪回 1740 年被侵占的西利西亞；法國則力圖吞併英國國王在歐洲的世襲領地漢諾威，保護自己在美洲和東印度的殖民地，遏制普魯士勢力的加強；瑞典試圖奪取普魯士的波美拉尼亞；而俄國竭力想阻止普魯士向東方的侵略，擴大自己在西方的領地。各種矛盾和利害關係錯綜複雜地交織在一起，導致了兩個對立同盟的建立：一個是有漢諾威、黑森—卡塞爾、不倫瑞克和其他一些德意志諸侯國參加的英普同盟；另一個是有瑞典、薩克森和大多數加入「神聖羅馬帝國」的德意志諸侯國參加的法奧俄同盟。

戰爭以普魯士進攻薩克森開始。1756 年 8 月 28 日，普魯士國王弗里德里希二世的軍隊（9.5 萬人）突然侵入薩克森，包圍了薩克森軍隊（1.8 萬人），迫其於 10 月 15 日投降。在 1757 年的戰爭中，弗里德里希二世利用法奧俄同盟計劃不一致（法國於

春天開始戰鬥行動，而俄國於夏天才開始行動），以及軍隊（30 餘萬人）展開緩慢的弱點，首先對奧開戰。普軍（19.2 萬人）從四面對布拉格展開向心進攻。但是，前來增援的奧軍道恩元帥的部隊（5 萬餘人）於 6 月 18 日在科林附近擊潰了普軍，迫使普軍放棄捷克。4 月，埃斯特列元帥的法軍（7 萬人）占領了黑森一卡塞爾和漢諾威。蘇比茲親王的法軍（5.7 萬人）於 8 月抵近埃森納赫，威逼普魯士。弗里德里希二世抽調了主力部隊迎擊法軍，11 月 5 日在羅斯巴赫會戰（1757 年）中將法軍擊潰。隨後，他又調遣部隊（4 萬人）以強行軍進入西利西亞。萊瓦爾德元帥的普軍（3 萬人）對在東普魯士展開進攻的俄軍（7 萬人）採取行動。7 月 5 日，阿普拉克辛元帥指揮下的部分俄軍（2.4 萬人）在波羅的海艦隊的支援下，開啟了進入東普魯士的道路。但是，阿普拉克辛認為，弗里德里希二世的追隨者彼得三世不久將成為俄國皇帝（女皇伊麗莎白‧彼得羅芙娜患病），遂命令部隊撤回梅梅爾。為此，他被又皇送交法庭審判，其職務由弗爾莫爾將軍接替。瑞軍（2.3 萬人）於 9 月向波美拉尼亞的斯德丁（什切青）展開進攻，但在俄軍撤回梅梅爾後，也撤到斯特拉爾松。這樣，普軍獲得了 1757 年戰爭的勝利。

在 1758 年的戰爭中，反普同盟發動軍隊達 31.6 萬人，而弗里德里希二世的軍隊只有 14.5 萬人。反普同盟雖擁有兩倍於敵的優勢兵力，但因行動缺乏統一、互不配合，而未能發揮其優勢。1757 年 12 月在東普魯士展開進攻的俄軍於 1758 年 1 月占

領了東普魯士，並把它劃為俄羅斯國家的領地。1758 年夏，俄軍（5.8 萬人）包圍了庫斯特林（科斯欽）。奧地利和法國由於擔心俄國取勝，在西利西亞和薩克森採取了消極防禦的行動。弗里德里希二世集中兵力，企圖一一擊潰奧俄這兩個主要敵人，結果交戰雙方均未獲勝。

1759 年初，反普同盟軍隊已達 35.2 萬人，英普同盟軍隊約有 22.2 萬人。4 月，4 萬俄軍開始向奧得河推進。韋德爾將軍的普魯士軍團（3 萬人）企圖阻截俄軍，但 7 月 23 日，在帕利茨戰役（1759）中被俄軍擊潰。8 月 12 日，在庫內爾菲多爾弗附近的會戰中，普軍（4.8 萬人）遭到失敗。但是，由於奧軍統帥部的失策，業已展現了的攻占普魯士首都柏林而結束戰爭的機遇，未能實現。俄軍撤到維斯瓦河以東。在西方，法國的聯軍為保住黑森一卡塞爾在漢諾威展開戰鬥行動，但 8 月 1 日在漢諾威包圍明登要塞時遭到失敗。因此，在 1759 年的戰爭中，俄軍雖然取得了輝煌勝利，但由於害怕普魯士徹底潰敗而使俄國勢力加強的奧地利奉行的政策，俄軍沒有取得重大戰果。在 1759 年的戰爭中，反普同盟各國的矛盾更加激化。法國反對俄國兼併東普魯士，而準備與英國簽訂和約，但和談以失敗告終。

1760 年，弗里德里希二世勉強使兵增加到 10 — 12 萬人，而反普同盟的軍隊有 22 萬人。同盟計劃採取協同行動：俄奧軍在西利西亞，帝國軍隊在薩克森，法軍則對漢諾威採取行動。弗里德里希二世為保障自己的補給線的軍需庫的安全而轉入防

禦。俄奧軍隊在敵交通線上採取行動，企圖迫使普軍放棄其占領的要塞和城市。由於道恩沒有參加協同行動，弗里德里希二世率領 7 萬普軍抵近柏林，使 1760 年的戰爭以交戰雙方的局勢都未發生根本變化而結束。

1761 年戰爭中的重大事件發生於 12 月 16 日。俄軍攻占了南西利西亞等大片地域，使普軍形勢異常嚴峻。但是，1761 年 1 月 5 日女皇伊麗莎白・彼得羅芙娜病死，弗里德里希二世的追隨者彼得三世即位。他使俄國退出戰爭，且把俄國占領的全部土地歸還給普魯士，並於 5 月 5 日同普魯士簽訂了同盟條約，從而把普魯士從徹底滅亡的險境中拯救出來。繼俄國之後，瑞典也於 1762 年 5 月 22 日退出戰爭。

在 1762 年的戰爭中，普軍在俄國切爾內紹夫軍團（曾臨時編入普軍）的援助下，把奧軍從西利西亞和薩克森逐出，並在弗萊堡附近的交戰（1762 年 10 月）中戰勝了帝國軍隊。但是，戰爭已把交戰各方拖得精疲力竭，普法於 11 月 3 日簽訂初步和約，普奧於 11 月 24 日訂立停戰協定。

在七年戰爭中，英法在海上和各殖民地的戰事中，初期（1756 和 1757 年）是法國取得了勝利。但是，隨著 1758 年戰爭的開始，陷於歐洲戰場的法國，在海上和各殖民地開始遭到失敗。僅僅給普魯士以財力援助的英國，逐漸在各殖民地積蓄了力量，掌握了戰爭的主動權，1760 年占領了加拿大、路易斯安娜的一部分、佛羅裡達和法國在印度的大部分殖民地。1763

年初，七年戰爭結束。1763 年 2 月 10 日，英法簽訂巴黎和約（1761 年參戰的西班牙和葡萄牙也加入了該和約。西班牙站在法國一方，葡萄牙站在英國一方）。1763 年 2 月 15 日，以普魯士為一方，以奧地利和薩克森為另一方簽訂了胡貝爾茨堡和約，七年戰爭至此結束。和約確認了普魯士對西利西亞和格拉茨伯爵領地的權力。

七年戰爭的重要結局是改變了歐洲的力量格局。英國在戰爭中獲得了大部分法國殖民地，一躍成為最強大的海上強國，為其日後的殖民帝國奠定了基礎。普魯士地位更為鞏固，法國遭到削弱，俄國勢力得以加強。

七年戰爭對軍事學術的發展產生了很大影響，它暴露了警戒線戰略和線式戰術的缺點，顯示了在野戰中殲滅敵人有生力量的優越性，也出現了新的戰鬥方式和方法。

七年戰爭：全球殖民地的大角力

俄國農民戰爭：
農奴制的終結與社會變革

　　18 世紀後半期，俄國農民為反抗沙俄帝國的黑暗統治，在農民領袖普加喬夫的領導下，發動了起義，該次戰爭是俄國歷史上四次農民戰爭中規模最大的一次，也是最後的一次，雖然起義以失敗告終。但它震撼了沙俄的封建農奴制統治，對沙俄政治、經濟、社會等方面均產生了深遠的影響。

　　18 世紀後半期，俄國已從昔日的「彼得盛世」巔峰開始衰敗。行將崩潰的、專橫的封建農奴制不斷加強對農奴的壓迫，地主階級對農民的剝削統治，連綿不斷的戰爭加重了勞動人民的負擔，這一切進一步激化了階級矛盾，激起了廣大勞苦大眾的強烈不滿，俄國農民起義此起彼伏。僅 1762 － 1772 年，起義就達 160 次以上。此外，非俄羅斯各族人民的災難更加深重。壓迫越重，反抗越強烈。整個沙俄帝國堆滿了乾草，隨時都有可能燃起熊熊的起義烈火。

　　時勢造英雄。農民起義領袖斯傑潘・拉辛和康德拉季・布拉文出生地的頓河畔培養了傑出的農民領袖葉・伊・普加喬夫。這位頓河哥薩克人利用廣大勞動人民「對沙皇樸素的宗法式信仰」，自詡為彼得三世，是勞苦大眾期待的「好沙皇」，於 1773 年 9 月 17 日，聚集一支 80 人的當地哥薩克隊伍起義。

普加喬夫領導的俄國農民戰爭分三個階段：

第一階段（1773 年 9 月－1774 年 4 月）。1773 年 9 月 17 日，普加喬夫假冒「彼得三世」釋出第一個詔書，宣布給雅伊克哥薩克人、韃靼人和加爾梅克人以自由和特權，許諾他們將得到「河流、土地、草地、賞金、豬、狗和糧食」。9 月 18 日，起義軍抵近雅伊克鎮。該鎮設防堅固，重兵防守，普加喬夫遂放棄強攻，溯雅伊克河而上，直逼俄羅斯東南部的主要行政與軍事戰略中心 —— 奧倫堡。9 月 21 日，起義軍占領了位於奧倫堡和雅伊克交通線上的伊列茨克鎮。接著，奧倫堡西部的要塞紛紛落入起義軍手中。

1773 年 10 月 4 日，起義軍占領了奧倫堡附近的別爾達村。10 月 5 日，起義軍開始了持續約 6 個月之久的奧倫堡圍攻戰。奧倫堡要塞內有 10 個五角堡、2 個半稜堡，守軍 3000 人，大炮 70 門，易守難攻。起義軍久攻不下，雙方成對峙局面。普加喬夫採取封鎖城市的措施，意圖迫敵就範。當寒冬臘月來臨時，攻城仍未果，普加喬夫帶領起義軍主力在別爾達休整，留少數部隊繼續監視奧倫堡守軍的動態。

奧倫堡被圍困後，沙皇政府派軍解圍。此時的起義軍只顧圍攻奧倫堡和雅伊克，放棄向伏爾加河流域的進軍，失去了更多人民的支援，喪失了大塊戰略基地，為沙皇葉卡捷琳娜二世贏得了動員兵力的時間。沙皇政府在用地方部隊解圍失利後，遂於 1773 年 12 月派遣亞·伊·比比科夫上將率領討伐軍（共約

6500 人，30 門火炮）前去鎮壓起義軍。政府軍憑藉優勢兵力，扭轉了被動局面，連續取勝。戰至 1774 年初，政府軍連克數鎮，直逼奧倫堡。起義軍節節敗退，直到布祖盧克鎮失守後，普加喬夫才決定從奧倫堡附近撤出部分兵力，以圖阻止政府軍的推進，然而，為時已晚。1774 年 3 月 22 日，起義軍主力在塔季謝瓦要塞近的總決戰中失利。在這之後的幾次交戰中，起義軍接連失利，普加喬夫身邊的許多將領被俘。4 月 1 日，起義軍又在薩克馬臘鎮慘遭失敗，普加喬夫率領一支 500 人的隊伍殺出重圍，隱藏在烏拉爾深山叢林之中。第一階段以起義軍的失敗而告終。

第二階段（1774 年 4 月 — 1774 年 7 月）。1774 年 4 月，普加喬夫在烏拉爾各廠礦和巴什基里亞招募新軍，以重整旗鼓再戰。起義軍主力很快增加到 5000 人，遂於 5 月 5 日攻占了馬格尼特要塞，隨即溯雅伊克河布上，於 5 月 19 日攻下特羅伊茨克要塞。5 月 21 日，政府軍在特羅伊茨克要塞擊敗起義軍主力部隊，普加喬夫被迫撤到烏拉爾草原地區。1774 年 6 月中旬，起義軍前進到伏爾加河，6 月 17 日，占領了克拉斯諾烏菲姆斯克，6 月 21 日，起義軍攻打奧薩，開啟通往喀山的通路。在巴什基里亞人的幫助下，起義軍渡過卡馬河，相繼連克數鎮，直逼喀山。

喀山城內，政府軍主力被抽調到巴什基里亞和烏拉爾，防務空虛，普加喬夫乘勢兵臨喀山城下，於 7 月 12 日，攻占喀

山外城，但設防堅固的內城久攻不下。沙皇政府及時派援兵接應，經過阿爾斯克原野的激戰，於 7 月 15 日擊潰起義軍。起義軍慘敗，陣亡 2000 人，受傷和被俘數千人，火炮和彈藥喪失殆盡。為擺脫追擊，普加喬夫帶領一支小部隊逃抵伏爾加河上游。

第三階段（1774 年 7 月－ 1775 年 1 月）。普加喬夫抵達伏爾加河流域，當地廣大農民紛紛加入起義軍，很快農民起義運動席捲伏爾加河流域多數地區並向莫斯科省邊界蔓延，直接威脅莫斯科，嚴重震撼了沙皇政府。然而，普加喬夫放棄了向莫斯科的進軍，離開了農民運動規模最大的地區轉而南進，以圖在頓河得到哥薩克補充後再向俄羅斯中心地區進軍。

但是，形勢發生了對起義軍不利的根本變化。1774 年 7 月 10 日，俄土（耳其）雙方簽訂了《庫楚克開納吉和約》。葉卡捷琳娜二世得以從俄土戰場抽出重兵，以鎮壓農民起義，並任命亞·瓦·蘇沃洛夫為政府軍總指揮。從 8 月 22 日起，普加喬夫開始攻打察裡津，戰鬥一直延續到 8 月 25 日。這一天，在察裡津以南 75 公里的薩爾尼科夫漁站附近，普加喬夫的 1 萬餘人的主力軍遭到致命的一擊，起義軍陣亡 2000 人，被俘 6000 人，許多重要將領被俘。普加喬夫帶領一支 200 雅伊克哥薩克人的隊伍退到伏爾加河左岸草原，途中，雅伊克哥薩克首領背叛普加喬夫。普加喬夫被他們押解給政府軍並送往莫斯科。1775 年 1 月 10 日，普加喬夫等人在莫斯科被處死。普加喬夫領導的農民戰爭以失敗而告終。

這場震撼沙俄統治的農民戰爭，席捲了俄國東南 60 餘萬平方公里的廣闊地域，其規模之大、參加人數之多、反沙俄統治旗幟之鮮明，是俄國歷次農民戰爭所無法比擬的。這次農民戰爭教育了人民，使人民對沙俄專橫的封建農奴制不可破除的信念產生了動搖，加速了封建農奴制的崩潰。

這次農民戰爭之所以失敗，其主要原因在於農民起義的自發性、地方侷限性、地域分散性和缺乏組織性、紀律性。起義軍缺乏統一的戰略計劃，與獨立起義地區的聯絡薄弱，主力部隊同其他各部隊、各部隊之間缺乏協調，尤其在第三階段表現得更為明顯。在第三階段，普加喬夫犯了一個放棄向莫斯科進軍的致命的戰略性錯誤，這充分說明起義領導者缺乏戰略指導和明確的戰爭綱領。

這次農民戰爭雖然失敗了，但被壓迫的人民群眾表現出的非凡的英勇氣概和果敢精神，普加喬夫傑出的軍事組織才能永載史冊。這次農民戰爭的偉大歷史意義，還在於它發展了俄國先進的社會政治思想和革命的世界觀，哺育俄國革命的先行者亞·尼·拉吉舍夫和貴族革命家 —— 十二月黨人，客觀上對俄國的社會發展起了進步作用，推動了俄國歷史的前進。

俄國農民戰爭：農奴制的終結與社會變革

美國獨立戰爭：
新世界自由的曙光

　　1775 年 4 月 19 日，列克星敦打響了反殖民統治的第一槍，歷時八年之久的美國獨立戰爭是北美殖民地人民為反對英國殖民統治，爭取民族獨立而進行的民族解放戰爭。戰爭結果是北美殖民地擺脫英國的殖民統治而獨立。

　　17 世紀初起，英國在北美東起大西洋、西到阿巴拉契亞山，先後建立了 13 個殖民地（簡稱 13 州）。13 州居民，除黑人和土著印第安人外，主要來自歐洲各國，特別是英國。他們來自不同的國家，代表不同的文化傳統。在一二百年的過程中，經過婚姻關係、社會交往，特別是經濟聯絡，逐漸融合起來，形成了一個美利堅民族。殖民者一踏上美洲大陸便推行野蠻的奴隸制度，1557 年奴隸達 50 萬人，占 13 州居民人數的 20%。奴隸主視黑人奴隸為「耕畜」，可以任意殺死、出賣或出借。殘暴的壓迫激起了強烈的反抗。從黑人奴隸制度開始推行到最後被廢除（1863 年）的近 250 年間，黑人的反抗鬥爭不下 250 次。「七年戰爭」的勝利，使英國成為世界上首屈一指的殖民帝國，同時也使其國債倍增，在海外的軍政費用增加了五倍。英政府便把戰爭負擔轉嫁到北美殖民地，想從它身上榨取更多的財富，導致了北美殖民地人民更加憤怒。1761 年後，英王頒布

各項命令，以保證英在北美的壟斷權，並加緊了對北美人民的壓榨。

壓迫愈深，反抗愈烈。1765 年 10 月，9 個殖民地的代表在紐約舉行反印花稅法大會，宣布英國國會無權向殖民地徵稅。婦女組織了「自由之女社」，拒絕使用英國運來的絲綢，提出「寧穿土布，不失自由」的口號。在各種反英殖民統治聲中，1770 年 3 月，英在波士頓製造了屠殺案，迫使各殖民地人民加緊進行建立革命組織。1774 年 9 月 5 日，第一屆殖民地大陸會議在費城召開，制訂了抑制英貨的「聯合法案」，透過了《人權宣言》，呼籲反對殖民壓迫，實行民族獨立。1774 － 1775 年冬，殖民地人民開始建立志願武裝隊伍以保衛居民免遭英國當局和英軍的蹂躪。

4 月 19 日，殖民地人民隊伍與奉命前來解除其武裝和逮捕其領導人的英國正規軍，在康科德和列克星敦（馬薩諸塞）附近首次發生武裝衝突。得到居民支援的志願軍打敗了英軍。這一事件是全民武裝起義的訊號，它揭開了殖民地獨立戰爭的序幕。至 4 月底，2 萬起義軍在波士頓附近建立了一個營地，稱為「自由營」。在革命處於高潮的形勢下，1775 年 5 月 10 日在費城召開第二屆大陸會議。會上，資產階級激進派占了壓倒優勢。會議建議各殖民地建立新的政府以取代殖民當局。1775 年 6 月 15 日，大會透過了極其重要的軍事決議案，即組建正規軍隊（大陸軍）的決議。根據此項決議，軍隊按志願入伍的原則補

充兵員，建成了一支由師、旅、團、營、炮兵和騎兵分隊組成的正規軍。軍隊的總數定為 88 個步兵營（約 60000 人），但在戰爭程式中並未超過 19000 人。弗吉尼亞的種植場主、原英軍上校華盛頓被任命為總司令。1775 年 10 — 12 月，會議透過製造 13 艘巡航艦和輕巡航艦並建立海軍的決議。1776 年 7 月 4 日，大會透過傑佛遜起草的《獨立宣言》，宣告 13 個殖民地脫離宗主國，建立獨立的美利堅合眾國。從此，7 月 4 日就成為美國的國慶節（獨立日）。

　　戰爭大致分為兩個時期。第一個時期（1775 — 1778 年），軍事行動主要在北部殖民地（1776 年 7 月 4 日起為北部各州）境內展開。英軍指揮部計劃鎮壓當時革命運動中心東北部各州的抵抗，不使其向北部發展。英軍約有 30000 人。美軍指揮部計劃加強對已控制領土的防禦，並派兵去加拿大發動當地的反英起義。至 1776 年夏，華盛頓的軍隊、民軍和志願起義者的隊伍獲得數次重大勝利，解放了通往加拿大道路上的提康德羅加堡和克拉烏波因特要塞，迫使英軍於 1776 年 3 月 17 日放棄波士頓。但是，同年 8 月，英國將軍豪的軍隊在布魯克林附近重創華盛頓的軍隊，並於 9 月 15 日占領紐約，美軍的處境十分困難。因為美軍當時的組織尚未健全，缺乏訓練，而且武器、彈藥和糧食均感不足。戰略主動權操在英軍手中。1777 年 9 月，英軍占領了美國首都費城。10 月，從加拿大前去與主力會合的英軍重兵集團（6000 人），在薩拉托加附近被華盛頓軍隊（10000

人）合圍，並於 17 日宣告投降。美國軍隊在薩拉托加附近的勝利改善了年輕共和國的國際地位。這次勝利極大地影響了歐洲各大國對交戰雙方的態度。1778 年，美國取得了法國、西班牙和荷蘭的支援。1778 年 5 月，由 11 艘作戰艦艇和載有 4000 名官兵的運輸船編成的分艦隊在厄斯坦海軍上將率領下從法國駛抵美國。俄國的政策對美國國際地位的加強發揮了重大的作用。還在 1775 年秋，葉卡捷琳娜二世就已拒絕了英王喬治三世關於希望俄國派兵鎮壓北美殖民地獨立戰爭的請求。1780 年，俄國宣布「武裝中立」。這在客觀上是對英國不利的。

1778 年 6 月，接替威廉・豪將軍英軍司令職務的柯林頓將軍放棄了費城，把基本兵力集中到紐約附近。至戰爭第一個時期結束時，美國的政治軍事形勢已大為好轉。在陸上採取軍事行動的同時，雙方在海上亦展開了戰鬥。美國方面基本上是使用私掠船（私人武裝船隻）作戰，共截獲 809 艘英國船隻。戰爭期間，私掠船數量達到 2000 艘之多。

在戰爭的第二個時期（1779 － 1783 年），戰鬥基本上在南部各州展開。柯林頓制定了將華盛頓軍隊各個殲滅的計劃。他仗恃南部貴族種植場主的支援，打算第一步先擊潰南部各州的美軍，然後粉碎北部各州的美軍。1780 年 5 月，英軍（14000 人）在查爾斯頓附近重創美軍（約 8000 人），從而開啟了進入南卡羅來納和喬治亞的通路。1780 年 8 月，科倫瓦利斯指揮的南方英軍集團在坎頓附近取勝。由於政府採取了得到居民擁護的有

力措施，並且任命了鐵匠出身的天才將領格林為華盛頓軍南方集團的司令官，才得以扭轉戰局。格林將軍十分巧妙地使正規軍同起義隊伍配合作戰。至 1781 年夏，除幾個港口以外，南部各州均獲得解放。華盛頓決定消滅科倫瓦利斯的軍隊，於是除留下部分兵力在紐約附近外，主要兵力和 1780 年開抵美國的羅香波將軍所率領的法軍（聯軍總數為 15000 人）均由他率領開往約克鎮，並於 9 月 26 日包圍該城。10 月 19 日，科倫瓦利斯的軍隊（7000 人）投降。法國海軍在贏得這次勝利中起了很大的作用。科倫瓦利斯將軍的軍隊投降後，戰鬥實際上已經停止。經過長時間的談判，英美於 1783 年 9 月 3 日在凡爾賽簽訂和約。根據這項和約，英國承認美國獨立。

美國獨立戰爭的勝利，推翻了殖民壓迫，建立了獨立的美國。

美國獨立戰爭是全世界第一次大規模殖民地爭取民族獨立和解放的戰爭，並且是取得了最後勝利的戰爭。它不僅為美國資本主義的發展開闢了寬廣的道路，而且在國際上給予殖民地人民以精神上的巨大鼓舞，對歐洲的資產階級革命和拉丁美洲的民族解放運動產生了很大的推動力。

美國獨立戰爭：新世界自由的曙光

俄土戰爭：
黑海霸權的爭奪與轉移

　　1787 — 1791 年的俄土戰爭，是俄國葉卡捷琳娜二世在位後期對土耳其發動的又一次大規模擴張戰爭。這次戰爭是俄傳統南下政策的繼續，戰爭以整個黑海北岸廣大地區劃歸俄國版圖而結束，沙俄也實現了其稱霸黑海的野心。

　　1787 年，土耳其要求俄國歸還克里米亞，承認喬治亞為土耳其的屬地，並對出入海峽的俄商船進行檢查。俄國拒絕土耳其的要求，土耳其遂出動軍隊對俄開戰。

　　1787 年 9 月 2 日，土耳其艦隊向停泊在金布恩附近的俄國護衛艦發起攻擊，被俄軍擊潰。10 月 12 日，土軍從奧恰科夫獲得增援後，再次攻擊金布恩。經多次爭奪，土軍遭到俄軍蘇沃洛夫軍團重創，幾乎遭全殲。金布恩之戰的失利，打亂了土耳其的戰略計劃，為俄軍集結主力發動進攻爭取了時間。

　　1788 年 1 月，奧地利正式對土耳其宣戰。同年 5 月，俄軍主力編組完成，黑海艦隊力量加強。俄軍計劃攻占奧恰科夫。6 月下旬，俄波坦金元帥率領 5 萬人渡過西布格河，從陸上包圍奧恰科夫，同時以艦隊海上襲擾，對其長圍久困。

　　奧恰科夫攻防戰以海戰開始。6 月中、下旬先後發生 3 次海戰，土軍損失各型艦艇共 32 艘，其餘艦艇或逃往黑海西岸，或

避入奧恰科夫。土耳其統帥部為挽回敗局，調兵增援。俄土兩艦隊海上遭遇。7 月 14 日，雙方艦隊在費多尼亞島交戰。俄軍烏沙科夫率艦全速出擊，搶占上風位置，從而使土艦隊處於俄艦隊夾擊之中。俄軍擊毀土艦 1 艘，其餘土艦先後撤回黑海西部沿海。

在奧恰科夫陸戰場上，俄軍繼續圍困要塞。直到 1788 年 12 月 17 日，俄軍兵分 6 路強攻奧恰科夫，經數小時戰鬥，俄軍奪占奧恰科夫，斃俘土軍 1.35 萬人，繳獲火炮 310 門。

1788 年夏，正值俄軍圍困奧恰科夫之時，土耳其盟國瑞典參戰，俄國遭土耳其和瑞典南北夾擊。俄力圖避免兩線作戰，但無濟於事。在腹背受敵的情況下，俄以次要兵力在北線實施防禦，把主力放在南線，以對付土耳其。7 月上旬，俄軍波羅的海艦隊奉令出海尋殲瑞典艦隊。7 月 16 日，俄瑞雙方在霍格蘭島附近遭遇，各自俘獲對方戰艦 1 艘，打成平手。海上交戰的同時，瑞典地面部隊分兩路向彼得堡方向進軍，由於瑞軍內部芬蘭籍官兵發生「騷動」，拒絕越境作戰，瑞軍進攻計劃破產，撤回本土。

1789 年春，俄軍對土耳其作戰的部隊合編為南方集團軍，由波坦金指揮。波坦金 1789 年作戰計劃是：主力集團首先攻占比薩拉比亞，爾後聚殲土軍於賓傑拉地區；牽制集團配合主力行動，並與奧地利軍隊保持聯絡。為配合俄軍作戰，奧軍主要在塞爾維亞和克羅埃西亞行動。

1789 年的土耳其作戰計劃規定：在多瑙河下游集結 15 萬大軍，北上殲滅俄軍主力於賓傑拉地區。為免除後顧之憂，保證主力機動自由，土軍統帥部派出牽制部隊，以切斷俄奧兩軍的聯絡。

1789 年 6 月下旬，集中於多瑙河下游一帶的土軍主力大舉北上，進抵福克沙尼。7 月下旬，俄、奧兩軍在阿德茹德 會師，隨時準備攻擊進駐福克沙尼的土軍。俄軍指揮為蘇沃洛夫。

俄軍作戰方案是：俄奧聯軍從行進間強渡普特納河，對福克沙尼實施進攻。8 月 1 日，聯軍與土軍在福克沙尼發生激戰。經 10 小時激戰，土軍陣亡 1500 人，聯軍傷亡約 300 至 400 人。戰鬥結束後，俄軍撤回原駐地。與此同時，波坦金指揮的南方集團軍主力正向德涅斯特河推進，企圖迂迴賓傑拉，但行動遲緩。土軍趁機加緊準備發動進攻，計劃主攻方向指向聯軍接合部，殲滅蘇沃洛夫部隊，爾後回頭攻擊俄軍主力。另一支牽制部隊進駐伊茲梅爾。

1789 年 9 月中旬，土軍主力進逼福克沙尼。9 月 21 日，蘇沃洛夫部隱蔽進至福克沙尼，與奧軍會合。當日夜 10 時，聯軍在距土軍 7 － 8 公里處乘夜偷渡雷姆納河。22 日晨，雷姆尼克會戰打響，雙方激戰達 12 小時。土軍遭重創，傷亡、溺斃者達 1 萬餘人。

雷姆尼克一戰打亂了土耳其的整個作戰計劃。俄軍在此役之後，攻克賓傑拉，並且不戰而奪取阿克爾曼，控制整個摩爾

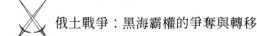

多瓦。

俄軍為迫使土耳其停戰議和，計劃在多瑙河左岸展開積極
的軍事行動，並做好打到右岸的準備。土軍依託沿岸一系列堅
固設防的要塞進行戰略防禦。伊茲梅爾在諸要塞中，戰略地位
最為重要。伊茲梅爾控制著多瑙河下游，直接威脅俄軍翼側和
後方，不廢除伊茲梅爾，俄軍難以在多瑙河左岸行動。該地集
中土軍精銳部隊，一旦被殲，土軍戰鬥力銳減。攻克伊茲梅爾
不僅震撼土耳其，也有助於提高俄國在歐洲的地位。因此，伊
茲梅爾勢在必克。

1790 年 3 月，烏沙科夫就任黑海艦隊司令，先後在錫諾普
海域、刻赤海峽和騰得拉島海域海戰中，擊敗土耳其艦隊，牽
制土海軍力量。然而，波坦金指揮的地面部隊行動遲緩，貽誤
了戰機。9 月，奧地利單獨與土耳其締結和約，從而增加了俄軍
的困難。

1790 年 10 月中旬，俄軍向伊茲梅爾開進。12 月上旬，兩
次圍攻伊茲梅爾，均未奏效。波坦金指派蘇沃洛夫指揮伊茲梅
爾地區的俄軍（地面部隊 3.1 萬人、火炮 600 門，多瑙河區艦隊
小型艦艇 200 餘艘、艦炮約 400 門）。

蘇沃洛夫的作戰計劃是：地面部隊編成三個集團，從東、
西、南三個方向同時猛攻。從作戰部署看，主攻方向指向防禦
較薄弱的南面，俄軍在該方向集中了三分之二的兵力和四分之
三的火炮。

1790 年 12 月 22 日凌晨 3 時，俄軍在夜幕和濃霧掩護下秘密接近城牆。5 時 30 分，按統一號令，兵分三路同時發起攻擊，多瑙河區艦隊輸送地面部隊上陸，並以艦炮支援。8 時，外城被攻破，雙方展開激烈的巷戰，16 時戰鬥結束。土耳其守軍陣亡 2.6 萬人，被俘 9000 人。俄軍傷亡約 1 萬人。伊茲梅爾一戰基本上決定了俄土戰爭的結局。

1791 年夏，蘇沃洛夫部將庫圖佐夫兩次打敗土軍地面部隊，6 月 15 日，在巴格達附近擊潰土軍 2.3 萬人。同時，烏沙科夫兩次打敗土耳其艦隊。8 月 11 日，在卡拉克里亞海角，趁土艦隊官兵多數在岸上度伊斯蘭教節日之際，發動突然襲擊，重創土艦隊。雙方軍事行動至此基本結束。1792 年 1 月，俄土簽訂雅西和約，土耳其承認俄國兼併克里米亞，宣布放棄喬治亞。至此，整個黑海北岸廣大地區劃歸俄國版圖。

1787 － 1791 年俄土戰爭的結束，沙俄實現了稱霸黑海的野心，為進一步向巴爾幹、地中海和中亞方向侵略擴張創造了有利態勢。俄軍的勝利在於葉卡捷琳娜二世善於把外交和軍事結合起來，形成合力。戰前進行充分的外交準備，拼湊軍事同盟，孤立敵人，避免兩線作戰。面對土耳其和瑞典兩個對手，俄國始終把主力用在南線對付土耳其，只用少量兵力進行防禦。

這次俄土戰爭也充分展示了俄國統治集團內部軍事思想上的鬥爭。蘇沃洛夫的進攻思想充分反映了沙皇政府的擴張政策對軍事的要求。然而，俄國封建農奴制決定了革新派在對外戰

爭中雖然打勝仗較多，但在統治集團內部鬥爭中卻往往敗北，
成為宮廷陰謀的犧牲者。

法國大革命：
從君主制到共和國的崛起

　　十八世紀末的法國革命戰爭是世界歷史上一次徹底的資產階級革命，是革命的法蘭西反對外國武裝干涉，鎮壓王黨叛亂的革命戰爭，它從根本上動搖了歐洲封建專制制度，為法蘭西共和國的誕生鳴響了禮炮。

　　18 世紀下半葉，法國封建專制制度極端腐朽，遇到了人民的強烈反抗。1789 年 7 月 14 日，巴黎人民舉行武裝起義，攻克了象徵封建專制統治的巴士底獄，代表大資產階級和自由派貴族利益的君主立憲派上臺。法國大革命爆發後，歐洲各國君主們視其為洪水猛獸，為置之於死地，結成了反法同盟，宣布支援法國路易十六的君主政體，並在法國周圍邊境地區集結兵力，做好了戰爭準備。1792 年 4 月，法國向奧、普宣戰。戰爭開始後，法國人民熱情很高，但在新召募的軍隊組建之前，作戰的主力仍是原法軍。部署在敦克爾克至巴塞爾的法軍有三個軍團，約 15 萬人，計劃分三路進攻比利時，企圖趁奧軍尚未充分動員和展開之機，主動出擊，先發制人。但由於法軍戰備水平低，機動能力差，指揮欠協調等原因，4 月 28 日，法軍北方軍團剛越過法比邊界與敵軍遭遇，就驚惶失措，潰不成軍。前線的失敗激起了法國人民對國王和君主立憲派的強烈不滿。8

月，普魯士的不倫瑞克公爵率領 14 萬普奧聯軍向法國東北部邊境逼近。8 月 10 日，愛國熱情高漲的巴黎人民再次舉行武裝起義，推翻了國王和君主立憲派政體。隨後成立法蘭西共和國。這時，普奧聯軍越過法國邊境，先後占領了隆維要塞和凡爾登要塞，並迅速向巴黎推進。法國軍民英勇抗擊，新徵召的部隊源源不斷地開往前線。在迪穆裡耶和克勒曼將軍的指揮下，法軍 2 個軍團 5 萬餘人在沙隆大道上的瓦爾米附近設防。9 月 20 日晨，普奧聯軍約 4 萬人繞過法軍陣地，在瓦爾米西南展開，對法軍進行炮擊。法軍搶占瓦爾米附近的小丘，實施炮火反擊，雙方展開了大規模炮戰。聯軍組織兩次衝擊都未達到擊潰法軍的目的，被迫停止進攻。以後聯軍後勤補給困難，加之天氣不好，未再採取積極的戰鬥行動。9 月 30 日，聯軍開始撤退，法軍展開全線出擊，將聯軍趕出了國境，隨後攻占了比利時的冉馬普、蒙斯和列日等地，把普奧聯軍趕過了萊茵河。瓦爾米會戰是革命的法國反擊歐洲反法聯盟的第一次勝利，它對挽救法國革命具有重大歷史意義。

　　1793 年 1 月 21 日，革命的法國人民把路易十六送上了斷頭臺。這一訊息傳出，使歐洲各國君主如做了一場噩夢，而法軍占領比利時並威脅荷蘭，更引起其惴惴不安。原來還在猶豫或保持中立的國家都紛紛參加普奧聯盟，結成了第一次反法聯盟。3 月，反法聯盟軍再次入侵法國。共和國四面都受到外敵的威脅：在西部阿爾卑斯山與 4.5 萬奧地利、薩丁聯軍作戰；在南部

庇里牛斯山區與 5 萬西班牙軍隊作戰；在萊茵河下游和比利時同奧、英、荷、德的 7 萬軍隊作戰；在默茲河與摩澤爾河之間同 3 萬多奧軍作戰；在萊茵河中、下游地區與 11 萬奧、普、德軍作戰。與此同時，國內王黨叛亂四起，叛軍在旺代組成 3 個軍團，打敗了前來鎮壓的政府軍。在這關鍵時刻，法軍將領迪穆裡耶叛變共和國處境更加惡化。迪穆裡耶本來就是個君主立憲派人物，對處死路易十六非常不滿，企圖擁兵先征服荷蘭，把荷蘭和比利時合併為一個國家，然後率軍返回巴黎，發動政變，擁立一個新國王。因此，他不顧共和國的險惡處境，率領法軍 2 萬人遠征荷蘭，正當他向多爾德雷赫特發動進攻時，配合其進攻的法軍右翼在默茲河下游遭奧軍從側後的猛攻，迫使法軍撤出荷蘭，退回比利時。3 月底，奧軍占領布魯塞爾，法軍又全部退出比利時和萊茵河左岸。迪穆裡耶暗中與奧軍勾結，最後叛國投敵。法軍幾個月的戰果，轉眼喪失殆盡。

前線不斷傳來失敗的訊息，使法國國內叛亂愈演愈烈，投機商哄抬物價，人民群眾生活日益惡化。6 月 2 日，憤怒的巴黎人民舉行了第三次武裝起義，推翻了吉倫特派的統治，由雅各賓派執政，使法國大革命沿著上升的路線到達了頂峰。雅各賓派上臺後，面對更加惡劣的國內外形勢，採取了一系列革命措施：在政治上，實行土地改革，廣泛動員民眾鎮壓叛亂；在經濟上，嚴禁囤積壟斷，實行全面限價；在軍事上，實行全民皆兵，建立軍師編制，用新技術武裝軍隊，從下層官兵中選拔高階將領，改進戰

略戰術等。共和國很快就動員了 120 萬人，編成 14 個軍。共和軍首先向國內叛軍發起進攻，西北部叛軍被迅速鎮壓了下去。不久，共和軍又攻占了叛亂中心里昂，迫使叛軍投降。在南方，共和軍兩次打敗叛軍，並乘勝進攻馬賽。但逃往土倫的保王黨人把該城獻給了英國，英國馬上調兵防守，迫使共和軍退回馬賽。克勒曼將軍率領的阿爾卑斯軍團包圍了里昂。12 月 19 日，共和軍收復土倫，在這次戰鬥中年輕軍官拿破崙・波拿巴表現出色，被破格晉升為准將。在對外戰爭中，共和軍也取得了重大勝利。9 月 6 日，烏夏爾將軍率領 4.2 萬人在翁史考特擊敗了英國一漢諾威軍隊 1.3 萬人，取得了雅各賓派執政以來的首次勝利。法軍雖訓練不足，協同很差，但憑藉著高昂的熱情和頑強的鬥志打敗了反法聯軍。可是，烏夏爾未能及時擴張戰果，在隨後的梅嫩之戰中戰敗，被撤職送上了斷頭臺。10 月 15 日，接替烏夏爾的儒爾當指揮 5 萬共和軍在瓦迪尼大敗奧軍，迫使其放棄對莫伯日的包圍向東撤退。此後，法軍在北部邊境掌握了主動，在摩澤爾河和阿爾卑斯山方向也轉入了進攻。1794 年，雙方都制定了新的進攻計劃。聯軍企圖向索姆河方向進攻，威脅巴黎，共和軍則計劃乘勝追擊，再度征服比利時。5、6 月間雙方進行了一系列交戰。6 月 26 日，法軍與奧軍在弗勒呂斯進行了具有決定意義的會戰，法軍擊退了奧軍。此戰後，法軍完全掌握了戰場主動。法軍乘勝追擊，大踏步前進。聯軍向安特衛普、布雷達方向節節敗退。7 月 10 日，法軍攻占布魯塞爾；27 日攻占安特衛普。英軍被迫

從海上撤回本土。儒爾當乘勝揮師渡過萊茵河，圍攻美因茲，並攻入荷蘭。在阿爾卑斯山方向，法軍先因作戰經驗不足，屢遭敗績。後調整軍事制度和編制，任用得力將領後，形勢大為改觀，不但把西班牙軍隊趕出了法國，還攻入西班牙，占領了聖塞瓦斯蒂安等地。正當革命軍隊乘勝前進之時，法國國內發生「熱月政變」，雅各賓政權被推翻，政權落入大資產階級手中，法國革命高潮結束。1795 年，法國先後與反法聯盟中的一些國家簽訂了和約。10 月 26 日，法國督政府成立後，法軍只需對付奧地利、薩丁和英國了。

法國革命戰爭是革命的法蘭西反對外國武裝干涉，鎮壓王黨叛亂的革命戰爭。18 世紀末，整個歐洲還是封建勢力占主導地位，法國革命所面對的既有歐洲的反法聯盟，又有國內王黨和教會勢力，鬥爭異常激烈複雜。但法國大革命以深刻的政治經濟變革，激發了廣大民眾的革命熱情，以摧枯拉朽之勢推翻了封建統治。首先，法國革命戰爭是一場正義的戰爭，得到了人民的熱烈擁護和支援；其次，法國資產階級革命政府改革了軍事制度，以普遍義務兵役制代替了僱傭兵制。共和國在很短的時間裡就動員了 120 萬人，建成了編制完善、指揮統一、行動迅速、作戰勇敢的具有現代特色的民族軍隊。這是歐洲近代史上最龐大的軍隊之一，對取得戰爭的勝利產生了不可估量的作用；第三，共和軍實行新的戰略戰術，向敵人實施主動的進攻。增強了突擊力，調動了各級指揮官的主動性，取得了重大戰果。

法國大革命：從君主制到共和國的崛起

拿破崙戰爭：
一個時代的興衰與英雄的傳奇

　　拿破崙戰爭，自 1796 年拿破崙被任命為法國義大利軍司令開始，到 1815 年被放逐到聖赫勒拿島結束，歷時近二十年。在二十年征戰生涯中，拿破崙親自指揮過約 60 次戰役。拿破崙戰爭初期主要是為了抵禦外來侵略，後期也有反抗民族壓迫的因素，也兼有明顯的侵略性質。拿破崙戰爭，無論在軍事史上，還是在歐洲史上，都有著舉足輕重的地位。

　　拿破崙·波拿巴，1769 年 8 月 15 日出生於地中海科西嘉島阿雅克肖城的一個沒落貴族家庭。在收復土倫的戰鬥中拿破崙嶄露頭角，1794 年 1 月 14 日，他被任為少將炮兵旅長，為其一生軍事生涯奠定了重要基礎。

　　1793 年春，英、奧、普、荷、西和義大利的一些小國薩丁尼亞等組成第一次反法同盟軍，聯合進攻法國。戰至 1794 年初，法國基本抵抗住了聯軍的進攻，並將戰爭推至法國境外，迫使普、西、荷蘭退出反法聯盟。1795 年，英、俄、奧三國戰略企圖分歧，難以確定統一的對法軍事方針和行動，因而使戰爭進展緩慢。拿破崙 1796 年 3 月 2 日，受命為法國義大利軍司令，年僅 27 歲，開始了他獨當一面的戰役指揮。這也是他一生征戰的開始。

拿破崙率 3 萬餘人，翻越了阿爾卑斯山沿海山脈的有名「天險」，對奧薩聯軍實行中間突破，在蒙特諾特、洛迪、卡斯特萊奧內、阿科萊、里沃利等會戰中，接連獲勝，迫使奧地利於 1797 年 10 月簽訂《坎波福爾米奧條約》，從而促使第一次反法聯盟徹底瓦解。在一年多義大利之戰中，法軍共俘敵 15 萬名，繳獲軍旗 170 面，大炮 550 門，野戰炮 600 門，並獲艦船 51 艘等。從奧地利手中奪取了不少地區，統治了北義大利，並使「自由、平等」的口號和制度在義大利半島流行起來。義大利之戰，拿破崙在軍事上有許多成功之處，如：打破了畏懼山地戰的傳統思想，他指揮部隊敢於翻越人跡罕至的「天險」，收到了出奇之效，同時發展了山地戰經驗；能正確處理攻城和野戰的關係，法軍曾圍攻曼圖亞要塞達 7 個月之久，但沒有強攻硬打，而把重點放在打擊奧國援軍，在野戰中予以殲滅；培養了部隊頑強的戰鬥精神，使其能夠在極其艱苦的條件下贏得戰爭。這些，恩格斯針對拿破崙軍隊突破阿爾卑斯山情況說：「從拿破崙在 1796 年進行第一次阿爾卑斯戰局和他在 1797 年越過朱利恩阿爾卑斯山脈向維也納進軍直到 1801 年為止，整個戰爭歷史證明：阿爾卑斯山的山嶺和深谷已再不能使現代軍隊望而生畏了。」

　　1798 年 5 月，拿破崙率法軍遠征埃及。同年 12 月，英國聯合俄、奧、葡萄牙、那不勒斯和土耳其等國，結成第二次反法聯盟，企圖推翻法國政府，奪回被法國占去的領土。1799 年 10 月，拿破崙從埃及回國，11 月 9 日發動政變，成立以他為第一

執政的新政府。1800 年 5 月，拿破崙率軍攻入義大利，6 月 14 日進行馬倫戈會戰，大敗奧軍。12 月，法軍又在霍恩林登擊敗奧軍。1801 年 1 月，法奧簽訂《呂內維爾和約》，第二次反法聯盟隨之解體。

1805 年 4 － 8 月，英、俄、奧、瑞典和西西里王國等結成第三次反法聯盟，預期用 50 萬聯軍打敗法國。拿破崙率法軍大敗俄奧聯軍。法奧簽訂《普雷斯堡和約》，俄軍撤離奧地利，第三次反法聯盟失敗。

1806 年 9 月，英、俄、普、薩克森和瑞典等國結成第四次反法聯盟，企圖將法軍從其侵占的地區逐出。10 月 14 日，法軍與普薩聯軍在耶拿和奧爾施泰特及與俄在埃勞、弗裡德蘭會戰，法軍均獲勝利，第四次反法聯盟隨即崩潰。

1807 年 11 月，法軍入侵葡萄牙；翌年 3 － 4 月，法軍搶占西班牙的戰略要地，並占領馬德里。1809 年 1 月，英國和奧地利結成第五次反法聯盟。4 月中、下旬，法軍 5 戰 5 勝，擊退進到巴伐利亞境內的奧軍；5 月 13 日再占維也納。同年 10 月 14 日，法奧簽訂《申布倫和約》，第五次反法聯盟自行解體。

1812 年 6 月，拿破崙率大軍 60 多萬人入侵俄國。戰爭初期，俄軍被迫後撤。8 月 17 日進行斯摩棱斯克會戰後，俄軍繼續後退。9 月 14 日法軍進入莫斯科。俄軍於 10 月 18 日開始反攻；翌日，法軍撤出莫斯科，爾後節節敗退，到 12 月，幾乎全軍覆滅。拿破崙的侵俄戰爭，以喪失 50 多萬人的慘敗告終。

1813 年 2 月，俄普結盟。3 月，普魯士對法宣戰。隨後，俄、英、普、西、葡和瑞典等國，結成第六次反法聯盟（奧地利於 8 月加入）。隨後進行了一系列會戰，拿破崙多處轉戰，接連獲得小勝，但是擋不住聯軍的多路逼進。3 月 30 日，巴黎守軍投降。4 月 6 日，拿破崙被迫退位，並被放逐到厄爾巴島。1815 年 3 月 1 日，拿破崙從厄爾巴島秘密逃回法國，20 日進入巴黎，重新掌握政權（史稱「百日」王朝）。出席維也納會議的俄、英、普、奧、瑞典等國代表，當即結成第七次反法聯盟，決定出兵 70 萬，分 5 路進攻法國。6 月，拿破崙率法軍主動出擊，16 日進行利尼會戰，普軍失利後退，18 日進行滑鐵盧會戰，英軍在普軍配合下徹底擊敗法軍。拿破崙逃回巴黎，22 日再次退位，被放逐到聖赫勒拿島，直至去世。

　　拿破崙戎馬一生，親自指揮過的戰役約計 60 次，比歷史上著名的軍事統帥亞歷山大、漢尼拔和愷撒指揮的戰役總和還要多。被稱為一代「軍事巨人」。博羅季諾、萊比錫、滑鐵盧之戰等，在戰爭史上都有較高的地位。約 20 年的拿破崙戰爭，前期主要是為了抵禦外來侵略，後期也有反抗民族壓迫的因素，但戰爭已具有明顯的侵略性質。帶有掠奪別的民族和兼併別國領土的反動目的，給歐洲和法國人民帶來了巨大的災難。

　　「拿破崙的不朽的功績就在於：他發現了在戰爭和戰略上唯一正確使用廣大的武裝群眾的方法，而這樣廣大的武裝群眾之出現只是由於革命才成為可能。」拿破崙「唯才是舉」，不拘一格

選拔將帥，平時注重教育訓練，積極改善裝備，特別注重發展炮、騎兵。在世界軍事史上，從拿破崙開始才將炮兵正式定為一個兵種，並得到非常成功的運用，對世界炮兵發展起了重大推進作用。這些對資產階級軍隊建設及其作戰理論發展都曾發生了深遠的影響。

拿破崙在戰爭指導上，善於集中兵力，敢於以少擊多，力求以一兩次總決戰決定戰爭的結局；遠距離機動迂迴，乘敵不意，出奇制勝；以積極進攻作為主要的作戰型別，審時度勢，靈活用兵；對作戰指揮有過許多創新，包括在世界上最早組建參謀部等。這些把資產階級作戰思想發展到了一個頂峰，引起了西方軍事界的廣泛關注。後來西方許多國家所進行的戰爭，都曾受到拿破崙戰爭思想的影響。

奧斯特里茲戰役：
拿破崙的軍事巔峰

「三皇會戰」發生於歐洲第三次反法聯盟對法戰爭期間的 1805 年，法軍與俄奧聯軍於 12 月 2 日在奧斯特里茲地域進行的一次決定性戰役，戰爭以法軍勝利、奧皇割地求和而結束。

1805 年，正值拿破崙積極準備進攻英國本土之際，歐洲第三次反法聯盟（英國、奧地利、俄國、瑞典和西西里王國等）也已做好進攻準備。8 月，拿破崙因海戰失利，遂即放棄登陸英國的企圖。拿破崙獲悉奧軍西進、俄軍擬與奧軍會師的情報後，遂定下決心，改變部署，率軍東進，在俄奧軍會師前，攻占奧地利首都維也納。

法軍（17.6 萬人）揮師東進，以強行軍速度，25 天穿越法國本土。由於法軍行動突然、神速，駐守在烏爾姆附近的奧軍猝不及防，連遭法軍重創。10 月中旬，法軍向烏爾姆發動進攻；20 日，奧軍 6 萬人投降，法軍大勝。法軍乘烏爾姆大捷之餘威，11 月 13 日，一舉攻占維也納。奧軍放棄維也納後，向北轉移。11 月下旬，獲俄援軍加強的俄奧聯軍（8.7 萬人）經數次戰鬥，退至維也納以北的布林諾、沃洛莫茨一線，在奧爾米茨地區占領陣地。拿破崙率法軍尾追聯軍，追至布呂恩地區後，迫於形勢停止前進，並抓緊時機調集兵力（增至 7.3 萬人），在布

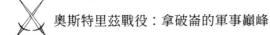

林諾以東占領陣地。

當法軍停止前進，選擇有利地形準備陣地戰時，俄奧聯軍乘機進入奧斯特里茲以西地區，聯軍總司令庫圖佐夫決意在援軍到達前不採取積極的行動。拿破崙抓住這一時機，散布法軍兵力薄弱，假意進行談判，故意示弱以誘聯軍進攻。俄奧聯軍對法軍作戰企圖估計錯誤，正在軍中的俄沙皇亞歷山大一世強令庫圖佐夫不待後續部隊到達立即投入進攻。聯軍於 11 月 27 日，兵分 5 路按計劃開始向布呂恩以東地區開進，企圖從南面迂迴法軍。為誘使聯軍加速發起進攻，拿破崙故意命令前沿部隊後撤，放棄利於防禦的普拉岑高地，誘使聯軍迂迴，以便乘聯軍運動之際，攻擊聯軍的側後。聯軍抵達奧斯特里茲地域展開後，誤認為法軍懼戰收縮，於 12 月 2 日倉促發起進攻。

12 月 2 日晨 7 時，俄奧聯軍在寬 12 公里的正面展開進攻，將主力集中於左翼，以求切斷法軍退向維也納的道路，造成圍殲態勢。奧斯特里茲西南部有一由湖泊和漁塘組成的水網沼澤地帶，與利塔瓦河相連，形成許多隘路。拿破崙對俄奧聯軍的作戰意圖判斷正確，在其右翼利用河流、水網沼澤地帶的有利地形，設定陣地，以較少兵力阻擊聯軍主力的進攻，幾乎牽制了聯軍約一半兵力。而將法軍主力集中在中央和左翼陣地，形成兵力上的優勢。

奧斯特里茲會戰開始後，法軍在右翼以 1 萬人的兵力牽制俄奧聯軍 4 萬人，頂住了聯軍的進攻。俄奧聯軍為了保障左翼

的進攻，把配置在普拉岑高地的縱隊撤出，造成了中央兵力的空虛。普拉岑高地位於整個戰場的中央，地位十分重要。法軍很好地把握這一戰機，將主力近 6 萬兵力集中在該方向上，而聯軍僅 4 萬人。法軍形成兵力優勢，於 9 時，以大縱深戰鬥隊形向俄奧聯軍戰鬥隊形中央發起攻擊。聯軍面對銳利的攻勢，傷亡慘重，節節敗退。至 11 時，俄奧聯軍中央被突破，普拉岑高地被法軍奪回。接著，法軍完成中央突破，將聯軍攔腰切斷，全線轉入進攻。法軍向聯軍左翼側後實施主要突擊。配置在中央和右翼的聯軍不敵法軍的猛攻，開始退卻。聯軍主力在普拉岑高地以南地區進行艱苦的戰鬥，被迫倉皇後撤，退至湖泊、水網沼澤地帶，遭重創。結果，聯軍傷亡 1.2 萬人，被俘 1.5 萬人，法軍損失不足萬人。在會戰過程中，俄國沙皇和奧國皇帝狼狽而逃；聯軍總司令庫圖佐夫兵敗負傷，險成俘虜。

　　法軍奧斯特里茲會戰的勝利使形勢發生了急劇變化。奧皇法蘭茲又一次向拿破崙求和。於 12 月 15 日簽訂了《普雷斯堡和約》，奧地利再次喪失大片領土和屬地，付出大宗賠款。會戰後，歐洲第三次反法聯盟隨即瓦解，中歐地區成立了受法國保護的萊茵邦聯，奧皇被迫解散「神聖羅馬帝國」。

奧斯特里茲戰役：拿破崙的軍事巔峰

拉丁美洲獨立戰爭：
新國家誕生的痛與喜

　　18 世紀末到 19 世紀 20 年代之間發生的拉丁美洲獨立戰爭，歷時 36 年，自海地革命始，北起墨西哥，南到阿根廷、拉丁美洲的獨立戰爭全面展開，戰爭以拉丁美洲各國家的獨立，西班牙、葡萄牙在拉美 300 多年殖民統治的結束而告終。

　　西班牙和葡萄牙在將拉丁美洲劫為殖民地後，從 15 世紀末開始，透過政治、軍事、經濟和宗教機構，對拉丁美洲人民和資源進行殘酷地剝削和掠奪。

　　最早起來反對歐洲殖民統治並取得成功的是海地人民。海地島於 1492 年為哥倫布發現，隨即淪為西班牙的殖民地。1697年，海地島的西部轉歸法國所有，東部仍屬於西班牙。白人只有 4 萬左右，最底層的 50 萬黑人奴隸一向受到最殘酷的壓迫。1781 年 8 月 22 日，在法國資產階級革命的影響下，海地的黑人終於舉行了大規模的起義。首先趕走西班牙殖民者，接著又在 1798 年 10 月迫使法國撤走它全部的侵略軍。到這時候，忙於歐洲戰爭的法國無法再進行幹預，起義隊伍事實上已經控制了整個海地島的局勢。1801 年，起義軍把西班牙人從海地島的東部清除了出去，解放了整個島嶼。

　　海地人民的勝利，使法國大資產階級特別是 1799 年透過政

變上臺的拿破崙大為恐慌。拿破崙久已夢想以海地為跳板，建立一個美洲帝國，現在看到黑人起義打亂了他的計劃，惱羞成怒，悍然在 1802 年派出兩萬多人的遠征軍前去海地「平亂」。經過幾個月的激烈戰鬥，侵略軍的傷亡慘重。但黑人由於缺少槍支和彈藥，也不得不撤出許多戰略要地。到最後，侵略者竟運用詭計，借談判的機會逮捕了起義領導人杜桑‧盧維杜爾，並把他押送法國，最後死於獄中，因而激起了海地人民更大的反抗。全體黑人手執武器，奮起保衛祖國。1802 年底，侵略者只得龜縮到幾個大城市中去，在 1803 年底遭到全軍覆滅的命運。1804 年 1 月 1 日，海地正式宣布獨立，拉丁美洲第一個獨立國家誕生了。海地革命的勝利為拉丁美洲被壓迫人民作出了榜樣，它動搖了 300 多年的殖民統治，揭開了拉丁美洲獨立戰爭的序幕。

1810 年北起墨西哥，南到阿根廷，到處樹起獨立大旗，拉丁美洲大陸的獨立戰爭如火如荼地開展起來。戰爭有三個中心，即墨西哥、委內瑞拉和智利。

1810 年 9 月 16 日，在墨西哥北部的一個偏遠村落多洛雷斯，幾千名印第安人揭竿而起，發出了「獨立萬歲！美洲萬歲！打倒壞政府」的怒吼。這就是歷史上著名的「多洛雷斯呼聲」，領導這次起義的是 47 歲的教士伊達爾哥。

南美北部的獨立運動是以委內瑞拉為中心的。這個地區的革命運動以及整個南美的解放戰爭都是和玻利瓦爾的名字分不

開的。西蒙‧玻利瓦爾（1783 － 1830 年）出生在加拉加斯一個克利奧爾人大地主家庭，從小就深受啟蒙主義的薰陶，後來他又漫遊歐洲，足跡遍及西班牙、義大利和法國。百折不撓的玻利瓦爾經輾轉來到委內瑞拉，經過他領導的一系列戰鬥，委內瑞拉第二共和國終於誕生了。但是玻利瓦爾並沒有能鞏固自己的基地，得到增援的殖民軍迫使他放棄加拉加斯，委內瑞拉第二共和國又被扼殺。

到了 1815 年，隨著拿破崙帝國的瓦解，回到西班牙王位的斐迪南七世在「神聖同盟」的支援下，增派一支多達萬餘人的政府軍前往西屬美洲。他們橫行在新格蘭那達、委內瑞拉，到處散布死亡和恐怖。拉丁美洲各地的獨立鬥爭都遭受挫折，殖民統治的陰影又籠罩了整個拉丁美洲。

1815 年後，西屬美洲殖民地人民的反抗進入了更艱苦的階段。玻利瓦爾在失敗後流亡牙買加。但他並沒有就此放棄鬥爭，而是從挫折中總結了經驗和教訓，認識到儘管前途曲折，但殖民者終究是可以被打敗的。1816 年 12 月，玻利瓦爾帶著一批勇士在委內瑞拉重新登陸，他隨即宣布解放奴隸。接著玻利瓦爾在奧裡諾科河畔建立起軍事基地，並擴建了自己的隊伍。經長距離的艱苦的遠行軍，於 1819 年 8 月初，他的軍隊同西班牙殖民軍在波耶加展開激烈的戰鬥，取得了勝利，然後揮師直搗波哥達並占領該地。1819 年 12 月，大哥倫比亞共和國宣告成立（1830 年又分為委內瑞拉、哥倫比亞和厄瓜多），玻利瓦爾被

選為這個共和國的總統和最高統帥。

1821 年初，玻利瓦爾利用西班牙國內發生革命的有利局勢並經過充分的準備，再次越過安第斯山，進兵委內瑞拉的北部。在卡拉博平原，他以優勢的兵力擊潰了殖民軍，乘勝解放加拉加斯。繼之起義軍在皮欽查戰役獲得了輝煌的勝利，迎來了厄瓜多全境的解放。

就在玻利瓦爾連年征戰的時候，聖馬丁在南美南部接連獲勝的捷報也頻頻傳來。對西班牙殖民軍實行南北夾攻，最後一擊的時刻終於來到了。

1817 年初，聖馬丁帶著他的遠征軍（其中三分之一是黑人）開始了翻越安第斯山的壯舉。1818 年 4 月 5 日，在以沃依金斯為首的愛國軍的協助下，他們在智利首都聖地亞哥大敗殖民軍，1818 年智利宣告獨立。

聖馬丁在進軍智利以前就制定好了直搗秘魯的計劃。1820 年 8 月，聖馬丁為了不讓敵人有喘息的機會，率軍從智利經海上前往秘魯。北上軍隊順利登陸，占領秘魯總督區首府利馬。1821 年 7 月，秘魯獨立，聖馬丁被授予共和國「保護者」的稱號。

1822 年 7 月下旬，南美獨立戰爭的兩雄玻利瓦爾和聖馬丁終於在瓜亞基爾港會面了。聖馬丁隱退，完成全部解放秘魯的任務落到玻利瓦爾肩上。1823 年 9 月，他率領的委內瑞拉和哥倫比亞軍 6000 人進入秘魯境內。他們同阿根廷和智利軍 4000

人聯合起來，於 1824 年 8 月 6 日在胡寧平原一舉擊潰敵人。同年 12 月 9 日，在阿亞庫巧展開了「一次最終保證了西屬南美洲獨立的會戰」。玻利瓦爾的戰友蘇克雷以少勝多，1825 年秘魯獲得解放。為了紀念玻利瓦爾，改名玻利維亞。

1815 年後，墨西哥的局勢保持了相對的平靜，但人數不等的游擊隊一直活躍在各地，「土地和自由」的口號仍然活在人們的心中。1820 年西班牙發生革命，墨西哥政局出現了生機。掌握兵權的伊都德將軍乘機出來活動，提出「宗教、聯合和獨立」的口號，在 1821 年宣布了墨西哥的獨立。

在墨西哥的革命影響下，中美洲其他一些地區紛紛獨立，並在 1823 年成立「中美聯合省」。1822 年，巴西脫離葡萄牙而獨立。

1826 年 1 月 23 日，西班牙國旗在秘魯的卡亞俄港黯然下降。300 多年的黑暗統治結束了，西屬美洲大陸殖民地取得獨立，在歷史上揭開了新的一頁。

拉丁美洲獨立戰爭：新國家誕生的痛與喜

俄法戰爭：
拿破崙遠征俄羅斯的災難

　　1812 年的俄法戰爭，歷時半年，它是沙皇俄國為抗擊法國的入侵而展開的一場正義的民族解放戰爭。戰爭以沙俄勝利、拿破崙喪失 50 多萬軍隊而告終。沙俄衛國戰爭的勝利，標誌著拿破崙軍隊覆滅的開始。

　　俄法戰爭的發生是由於資產階級法國與封建農奴制的俄國之間已經存在的深刻的政治和經濟矛盾，經拿破崙一世發動的侵略戰爭而更加激化所致。為擊敗俄國，拿破崙最大限度地利用了各被征服國的資源，建立了一支空前龐大的軍隊（約 120 萬人），其中半數以上的兵力用於入侵俄國。

　　1812 年 6 月初，得到歐洲許多國家的部隊補充的拿破崙軍隊，以華沙大公國為入侵俄國的方便的屯兵場，在維斯瓦河以東，臘多姆至柯尼斯堡（加里寧格勒）一線展開。

　　拿破崙的戰略計劃是：在短期內取勝；經一兩次總決戰將俄軍擊潰後，占領莫斯科，迫使俄國投降。為實現這一計劃，拿破崙軍隊的基本兵力從東普魯士出發，在科夫諾（考那斯）以南渡過涅曼河，前出到維爾諾（維爾紐斯）地區俄軍右翼。這一機動保障了法軍在主要方向上的兵力優勢。威脅了俄軍在玻利西耶北部的全部交通線，打通了一條通往莫斯科的最近的通道。

1812 年的戰爭可分為兩個時期：第一時期，從 1812 年 6 月 24 日法軍入侵到 10 月 2 日俄軍完成向塔魯丁諾地區後退，其中包括防禦戰鬥和在塔魯丁諾的側敵機動行動；第二時期，從 10 月 18 日俄軍轉入反攻到 1812 年 12 月 14 日，俄軍徹底擊潰法軍，從敵人手中徹底解放本國領土。

法軍進攻俄國的直接藉口，是說亞歷山大一世破壞了提爾西特和約。6 月 24 日，法國入侵軍經四座橋樑（在科夫諾等城附近）開始渡過涅曼河。拿破崙為確保戰略主動權，對俄不宣而戰。一晝夜之後，亞歷山大一世得到法軍入侵的訊息，還企圖以和平方式調解雙方衝突，於 6 月 26 日，派警察總監巴拉索夫將軍給拿破崙帶去一封親筆信。但是，拿破崙拒絕了和談建議。在敵優勢兵力的壓力下，俄西線第 1、第 2 集團軍被迫向本國腹地步步撤退。西線第 1 集團軍放棄了維爾諾，撤回德里薩兵營，從而使它與西線第 2 集團軍之間的距離擴大到 200 公里。法軍主力便乘虛而入，於 7 月 8 日占領明斯克，形成了對俄軍各個殲滅之勢。戰爭初期，拿破崙沒有獲得預期的結果，法軍傷亡和開小差的人數共達 15 萬人，還死掉許多馬匹。法軍士兵的戰鬥力下降，紀律渙散，搶劫成風，進攻速度開始緩慢，拿破崙不得不於 7 月 29 日命令部隊停止前進，在韋利日至莫吉廖夫地區休整 7 － 8 天。

沙皇要求俄軍採取積極行動。俄軍軍事首腦會議遵照沙皇的這一旨意，決定利用法軍配置分散之機，轉攻普德尼亞和波

列奇耶。8月7日，俄西線第1、第2集團軍開始進攻。但由於準備倉促，行動優柔寡斷，加之巴格拉季昂和巴克萊－德－託利意見分歧，致使進攻未獲成果。此時，拿破崙突然把部隊調到第聶伯河左岸，有占領斯摩棱斯克、切斷俄軍同莫斯科聯絡的危險。俄軍開始倉促退卻。

由於俄軍長期撤退，官兵怨聲載道，人民也普遍不滿。撤出斯摩棱斯克使兩集團軍司令之間的關係更加緊張。這一切迫使亞歷山大一世同意任命蘇沃洛夫的戰友庫圖佐夫將軍為所有作戰部隊的總司令。庫圖佐夫是一個很有名望的人物。8月29日，庫圖佐夫抵達部隊就職。9月13日，庫圖佐夫在菲利村召開軍事會議。為儲存部隊戰鬥力，等待預備隊接近，庫圖佐夫命令於9月14日放棄莫斯科，不戰而退。大部分居民也隨軍撤出。法軍進入莫斯科的頭一天，城裡一片火海，烈火一直燒到9月18日，整個城市化為一片廢墟。拿破崙軍隊大肆搶劫，到處為非作歹。

俄軍放棄莫斯科後沿梁贊大道退卻，行軍30公里後，在博羅夫斯克渡口渡過莫斯科河，並遵照庫圖佐夫的命令掉頭西進。隨後，俄軍強行軍轉移到圖拉大道，於9月18日在波多爾斯克地區集結。3天之後，俄軍已踏上卡盧加大道，於9月21日，在克拉斯納亞 - 帕赫拉紮營。在克拉斯納亞－帕赫拉停留5天後，又進行了兩次轉移，於10月2日渡過納拉河，到達塔魯丁諾村。庫圖佐夫非常巧妙地計劃和實施了側敵行軍機動。法

軍沒有發現這一行動。拿破崙在兩週之內不知俄軍去向。由於進行了塔魯丁諾機動，所以，俄軍避開了法軍的突擊，為準備反攻創造了良好的條件。

　　塔魯丁諾戰鬥（發生在切爾尼什尼亞河畔）和馬洛亞羅斯拉韋茨戰役是俄軍主力反攻的開始。部隊和游擊隊的戰鬥行動從那時起開始特別積極主動，其中包括平行追擊和包圍敵軍這樣一些有效作戰方法。法國軍隊在 11 月 16 — 18 日的 3 天交戰中傷亡 6000 人，被俘 2.6 萬人，幾乎喪失了全部炮兵。被打散的法軍殘部，其中包括與維特根施泰因軍團相對峙的部隊均沿波里索夫大道向別津納河方向撤退，俄西線第 3 集團軍和維特根施泰因軍團各部在向別列津納推進的途中，在波里索夫地區布成了一個「口袋」，使俄軍主力從東面被迫退下來並陷入四面被圍的法軍陷入口袋內。但是，由於維特根施泰因行動躊躇和齊查戈夫被敵人的佯動所迷惑，違反庫圖佐夫的命令，將本部主力從波里索夫向南調到了扎博舍維奇而造成錯誤，使拿破崙能夠做好在斯圖焦恩卡搶渡別列津納河的準備工作。被圍在別列津納河畔的法軍雖未被徹底消滅，但在渡河時傷亡很大。拿破崙被迫率領殘部（在別列津納慘敗後得以倖存的 0.9 — 1 萬人）逃離俄國。他好不容易到達了斯莫爾岡，於 12 月 6 日回到巴黎，由於俄軍繼續戰鬥，法軍殘部幾乎被全殲。拿破崙在俄國損失了 57 萬餘人，喪失了所有騎兵和幾乎全部炮兵。只有在翼側的麥克唐納和施瓦岑貝格兩軍團保全了下來。1813 年 1 月 2

日，庫圖佐夫向全軍釋出命令，祝賀各部隊將法軍逐出俄國國境，號召他們「把敵人徹底消滅在敵人的本土上。」

俄國軍民英勇地進行了解放戰爭，他們是決定拿破崙計劃必遭破產的力量。

俄法戰爭：拿破崙遠征俄羅斯的災難

希臘獨立戰爭：
從奴役到自由的復興

　　希臘獨立戰爭發生於 19 世紀 20 － 30 年代，歷時九年，這是一場反殖民封建的資產階級革命，戰爭以希臘獨立、鄂圖曼帝國的失敗而告終，從而也結束了鄂圖曼帝國對希臘近 400 年的軍事封建統治，在希臘社會發展史上，這是一個重要的里程碑。

　　希臘長期處於鄂圖曼帝國統治之下，廣大人民飽受痛苦和磨難。土耳其封建主殘酷壓迫希臘人民，強迫他們履行各種封建義務，激起廣大希臘人民的強烈反抗。另一方面，鄂圖曼帝國統治集團內部昏庸無能，封建軍事專制制度嚴重製約希臘迅速發展的資本主義經濟。同時，土耳其境內暴動、反叛活動此起彼伏，這一切都給希臘獨立戰爭創造了良好的時機。

　　戰爭第一階段（1821 年 3 月 － 1822 年 1 月），希臘全民奮起，其中農民和新興民族資產階級是革命的主要力量。1821 年 3 月 4 日，僑居俄國的希臘「友誼社」總負責人依普希蘭狄斯越過俄國國界，率領起義軍在羅馬尼亞的雅西號召希臘人民起義。3 月 23 日，起義波及伯羅奔尼撒半島南部各區。4 月 7 日，斯佩採島宣布起義，支援伯羅奔尼撒半島起義。4 月 22 日，普薩拉宣布起義；28 日，伊德拉島起義軍民控制科林斯地區。5 月

7 日，阿提卡地區的武裝村民衝進雅典，迫使土軍退守科林斯城。至此，起義軍幾乎席捲整個希臘的大部分陸地和愛琴海許多島嶼。6 月，依普希蘭狄斯率起義軍進入希臘時，在德拉戈尚與土軍交戰，被土軍打敗，依普希蘭狄斯逃亡奧地利，不久被捕。7 月，戰鬥日趨激烈。10 月 5 日，希臘軍民攻占特里波利斯城。起義軍不久幾乎全部解放伯羅奔尼撒半島。1822 年 1 月，起義軍在厄皮道爾召開首屆國民議會，宣布希臘獨立，成立國民政府。

戰爭第二階段（1822 年 6 月－ 1827 年 6 月），起義軍暫時失挫。土耳其政府不甘心失敗。面對希臘人民的勝利，開始對起義軍血腥鎮壓。開俄斯島軍民 10 萬人，一次就被土耳其軍隊血洗 2.3 萬人，4.7 萬人被出賣當奴隸。1822 年 6 月，土耳其軍隊對伯羅奔尼撒半島發動大規模反攻。土軍出動近 3 萬人，未遇抵抗，就到達科林斯衛城。隨後，向南深入伯羅奔尼撒內地，遭農民起義軍的伏擊，傷亡很大，潰不成軍，除少數逃脫外，全部被殲。

在海上，希臘小船敢於同裝有大炮的土艦作戰。一名水兵駕駛一艘著火的船衝進土艦停泊場，燒燬 1 艘軍艦，其餘土艦全部逃入達達尼爾海峽。

希臘軍民的勝利嚴重挫傷了土軍計程車氣，士兵害怕送命。拒絕參戰，土軍陷入一片混亂。然而，希臘起義軍領導集團內部發生分裂，軍政首腦忙於權力之爭，貽誤了有利戰機。

起義軍未能乘土軍混亂之際，擴大戰果，解放中、北部地區，以贏得獨立戰爭的勝利。1824 年 4 月，希臘召開第二屆國民議會，科羅克特洛尼斯被解除總司令職務。以科為代表的「民主派」不服，拒絕承認政府。希臘出現兩個政府並存的局面。伯羅奔尼撒的封建勢力乘機聯合「民主派」，反對「新歐派」。經過兩次激烈的武裝衝突，「民主派」遭失敗，科羅克特洛尼斯本人被捕。希臘內部戰爭結束，起義軍力量蒙受重大損失。

1824 年 7 月，土耳其統治者與其藩臣埃及統治者簽訂協定，共同鎮壓希臘人民起義。1825 年 2 月，埃及陸海軍 9 萬大軍在伯羅奔尼撒半島南部登陸。希臘軍隊雖英勇抵抗，仍未能阻攔埃軍的進攻。希臘政府迫於社會輿論壓力，解放科羅克特洛尼斯，再次委任其為總司令，但是，戰局已難扭轉，埃軍占領特里波利斯及半島絕大部分地區。1825 年 5 月，土埃軍近 4 萬人聯合圍攻希臘西部重鎮 —— 米索隆基市。經 11 個月的圍攻和封鎖，守城軍民頑強戰鬥，寧死不屈。1826 年 4 月 22 日，守城軍民英勇突圍，僅有 300 多居民生還。

1827 年 6 月，科林斯地區以北的希臘國土落入土耳其軍之手。自由希臘僅保留伯羅奔尼撒一部分國土和愛琴海上的若干島嶼。但是希臘人民的鬥爭並沒有結束。

戰爭第三階段（1827 － 1829 年），戰爭國際化。由於希臘獨立戰爭曲折的發展歷程，世界輿論加大，對歐洲大國利益的影響加深，促使俄、英、法等國的關注，尤其是沙俄政府。早

在 1825 年，俄國政府為鞏固俄在巴爾幹半島的勢力，就認為必須支援希臘人的獨立戰爭。俄國一旦占領達達尼爾海峽和博斯普魯斯海峽，無論在貿易和政治方面，無疑都是對英國實力的一個沉重打擊。英國政府是絕對不會同意的，也不願意讓俄國單獨進行幹預。於是，英國先與俄國達成某些讓步，以此牽制俄國的行動。1826 年 4 月 4 日，兩國在彼得堡簽訂關於聯合調處希土停戰和希向土納貢獲取自治的議定書。議定書規定，英俄兩國都不在希臘謀取特權。

面對國際環境的變化和國內鬥爭的嚴峻形勢，希臘政府內部兩派鬥爭暫時緩解。1827 年 4 月，在特萊辛召開第三屆國民議會，各派達成妥協，一致選舉卡波狄斯里亞為總統。該總統曾任職於俄國政府，他的當選進一步證明俄國對希臘政治的影響，從而加速了歐洲列強對希臘戰爭的干涉。

1827 年 7 月 6 日，英、法兩國與俄國在倫敦簽訂三國協約，重申 1826 年彼得堡議定書的條款，並補充規定，要求希土雙方立即停火，否則三國將共同採取強制措施制止希臘戰爭。土耳其當局駁斥倫敦協約的一切條件，拒絕停止軍事行動。1827 年 10 月 20 日，英、法、俄三國艦隊與埃土艦隊在納瓦里諾海灣進行交戰。經 4 小時激烈海戰，埃土聯合艦隊遭重創。1828 年 4 月，俄土戰爭相繼爆發，俄軍穿過巴爾幹半島，進入馬裡查河谷，攻占亞德里亞堡。1829 年，土耳其被迫與俄國簽訂《亞德里亞堡條約》，接受俄、英、法三國倫敦協約。

希臘起義軍利用俄土戰爭之際，先後解放了部分國土。1829 年 5 月 14 日，解放米索隆基市；9 月，起義軍在別特拉與土軍交戰，大獲全勝。1830 年 4 月，土耳其政府接受英、法、俄於 1830 年 2 月 3 日新的倫敦議定書，承認希臘獨立。

美墨戰爭：
北美版圖的重塑

美墨戰爭是 1846 － 1848 年間，美國在「天定命運」論下的領土擴張中，對墨西哥發動的一場赤裸裸的公然侵略他國的戰爭。戰爭以美國獲勝、墨西哥割地求和而告終。但美國也為這場戰爭付出了慘重的代價。

獨立戰爭後的美國統治集團一直把向西部擴張作為國策，尤其是南方的奴隸主集團，更充當了領土擴張的急先鋒。美國以移民為先鋒向西部移民數量激增，1835 年達到 3 萬人，並遠及加利福尼亞和新墨西哥等墨西哥領土。移民與墨西哥政府不斷發生糾紛。1835 年，美國政府唆使德克薩斯的奴隸主發動武裝叛亂，墨西哥出兵鎮壓，在阿拉莫殲滅美軍 187 人。美國出兵擊敗墨軍，宣布德克薩斯「獨立」，成立「熊星國」。1844 年大選，波爾克當選美國總統，做好了向墨西哥開戰的準備。1845 年 7 月宣布吞併德克薩斯。同時，美國還加緊向其他墨西哥領土侵犯，為吞併新墨西哥和加利福尼亞的大片土地，1846 年 5 月 13 日，美國向墨西哥宣戰，美墨戰爭爆發了。

戰爭大體分為兩個階段。1846 － 1847 年 2 月，為戰爭第一階段。戰場主要在 3 個方向展開。泰勒指揮美軍主力在墨西哥北部與墨軍主力交戰。5 月 8 日的帕洛阿爾託戰役，美軍 2300

人與墨軍 6000 人交戰，美軍以優勢炮火擊潰了對方的騎兵。5 月 9 日，美軍 1700 人在雷薩卡・德・拉帕爾馬擊潰了 5700 名墨軍。9 月 24 日，美軍增至 1.5 萬，攻占蒙特里。1847 年 2 月，雙方在布埃納維斯塔激戰。墨軍統帥聖安納以 2 萬之眾企圖圍殲 5000 美軍。墨軍幾次擊退美軍進攻，俘 400 多人。但美軍憑藉炮兵的優勢，擊退了墨軍。此役，美軍傷亡 746 人，墨軍損失 1500 至 2000 人。在加利福尼亞，6 - 7 月間，美國移民擊潰墨軍，建立了「加利福尼亞共和國」，樹起「熊星國旗」。美國海軍遠征加利福尼亞，支援移民。9 月，墨西哥人民起義，驅逐了美國移民。美國又增派陸軍，與太平洋分艦隊配合，擊敗了加利福尼亞和新墨西哥的墨軍，將這兩個地區併入美國。1846 年 12 月，多尼芬率領 900 名美軍長途奔襲 1000 多英里，攻占了墨西哥北部重鎮奇瓦瓦，並在蒙特里與泰勒軍會師。

第一階段戰爭結束時，美已攻占了墨西哥北部大片土地。美軍人數雖少，但倚仗優越的戰術素養和精良的裝備，擊潰了以印第安人為主體的數量占優勢的墨西哥軍隊。墨西哥人民在美占區展開游擊戰，迫使美軍停止了進軍。

1847 年 2 月至 1848 年，戰爭進入第二階段。美軍增至 6 萬人，其中二分之一派往墨西哥。美軍為徹底擊敗墨軍抵抗，改變主攻方向，開始尋找一條最短路線攻占首都墨西哥城。美軍司令溫菲爾德・史考特策劃並實施了對維拉克魯斯的兩棲登陸。

維拉克魯斯是墨西哥東海岸的最大港口，具有重要戰略價

值。史考特集中軍隊 1.3 萬人，配備 50 門大炮，在海軍墨西哥灣分艦隊的支援下，進攻該港。維拉克魯斯有墨軍 4000 人防守，工事堅固。為完成兩棲攻擊，史考特專門定購了特製的登陸艇，並對部隊進行了強化訓練，做好了周密的準備工作。3 月 9 日開始，美軍在維拉克魯斯東南 3 英里處的海灘開始登陸。墨軍未予抵抗，美軍 8000 人無一傷亡，順利登陸。接著，美軍開始圍攻維拉克魯斯。從 3 月 22 日開始，美 72 艘軍艦和陸軍的大炮對維拉克魯斯進行了連續幾天的野蠻炮擊。史考特下令：墨西哥人不投降，便不許任何活人離開這座城市。在美軍猛烈的炮火下，城市受到嚴重破壞，一時「城內街道上血流成渠，到處落下被敵人炮彈炸飛的人的斷肢殘體」。墨西哥守軍進行了頑強抵抗，直到 3 月 29 日，美軍才攻占該城。這次兩棲登陸，從軍事上看，是十分成功的，美陸海軍密切協同作戰，完成了預定的作戰目標，被稱為「19 世紀最成功的兩棲登陸作戰」。

美軍隨後向首都墨西哥城推進。墨西哥軍民為保衛首都展開了英勇戰鬥。墨軍已集中了 2 萬人，100 門大炮。這時的墨軍以白人為主，戰鬥力有了明顯提高。雙方首先在郊區外圍展開激戰。在康特列拉斯和丘魯布什科兩戰中，美軍以猛烈炮火又一次擊潰了優勢敵軍。墨軍傷亡被俘達 7000 餘人，但美軍也傷亡近千。9 月 7 日，墨政府與美國舉行了短時間談判，拒絕了美國的無理要求。美軍便向墨西哥城發起總攻。墨軍奮勇抗擊，打退美軍多次進攻，美軍死傷慘重。在俯瞰墨西哥城的查普爾特佩克

山，戰鬥尤為激烈。墨西哥軍事學院的學生進行了英勇戰鬥。美軍如潮水般向山頂衝鋒，學生們冒著槍林彈雨，奮勇還擊，美軍死傷遍地。墨軍子彈打光後，與敵展開了白刃格鬥。最後，有6名少年學員戰鬥到最後一人，光榮犧牲，被譽為「少年英雄」。9月13日黃昏，聖安納率政府成員撤退，城內一片混亂，總統府也被亂民搶劫一空。9月14日拂曉，美軍入城。開始，美軍耀武揚威，身穿嶄新的制服舉行入城式，許多市民圍觀，突然槍聲大作，墨軍狙擊手從四面八方向美軍射擊，美軍紛紛倒下。激烈的巷戰進行了整整一天，美軍傷亡860多人。後由於墨西哥市參議會怕美軍報復，下令停火，美軍才最終攻占墨西哥首都。

但是，墨軍仍在全國各地與美軍激戰。墨西哥人民還在美占區展開游擊戰，用大刀、長矛、獵槍與美軍戰鬥。僅1847年2月一次伏擊便打死美軍300多人。10月，游擊隊又奇襲普韋布拉，擊斃美州長，殲守軍大部。美軍進行了殘酷鎮壓，但仍無法撲滅人民反抗的烈火。1847年末，美軍有2萬人在與游擊隊作戰。

墨西哥政府若能充分發動人民，本來是可以轉敗為勝的。但是上層統治集團因首都的陷落驚惶失措，於1847年10月解除了聖安納的職務，成立了新政府，開始與美國進行談判。1848年2月，雙方簽署了《瓜達露佩·伊達爾戈條約》。墨西哥割讓了占本國一半以上的領土190萬平方公里，即今天美國的加利福尼亞、內華達、科羅拉多、德克薩斯、新墨西哥和亞利桑那等州。美國支付了1825萬美元。

克里米亞戰爭：
俄羅斯變革的先聲

　　1853 — 1856 年發生的克里米亞戰爭，是沙皇俄國為獲取出海口，擴充在歐霸權而同同盟國（英、法、土和薩丁尼亞王國）爭奪近東統治權的戰爭。俄國的戰敗顯示了其農奴制的腐朽性，自此，沙俄農奴制日趨崩潰，而俄國則向資產階級君主制道路上前進了一步。

　　19 世紀上半期，鄂圖曼帝國日趨衰落，中央政權不斷削弱，處於鄂圖曼帝國長期統治下的地區此時已是四分五裂或名存實亡，成為歐洲列強爭奪的「遺產」。這其中，首都君士坦丁堡和兩海峽（博斯普魯斯和達達尼爾）對各列強最具有吸引力。因為它們是溝通黑海與地中海的咽喉要道，是聯結歐、亞、非三大洲的「金橋」，只有一個港口作為出海口的沙俄極力想開闢一條通向地中海的出路。

　　為獲取出海口，同時挽救走向死亡的農奴制度，沙皇政府於 1853 年 10 月向土耳其開戰，爆發了克里米亞戰爭。英、法為保持和擴大在土耳其的勢力，參加了土耳其方面對俄作戰，所以，這一場戰爭實際上是俄國與同盟國（英、法、土和薩丁尼亞王國）爭奪近東統治權的戰爭。

　　1853 年 2 月，俄沙皇尼古拉一世派遣他的特使科施科夫海

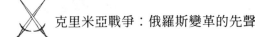

軍上將前往伊斯坦堡，要求土耳其政府承認俄皇對蘇丹統治下的東正教臣民有特別保護權。土耳其拒絕了俄國的最後通牒。俄國遂與土耳其斷交，並於 1853 年 7 月 3 日派兵進駐摩爾達維亞和瓦拉幾亞這兩個多瑙河公國。1853 年 10 月 16 日，土耳其蘇丹阿卜杜─麥吉德在大不列顛和法國的支援下對俄國宣戰。揭開戰爭序幕的是錫諾普海戰。

俄國艦隊比土耳其艦隊強大得多，不僅可以利用它來對付土耳其的海上力量，而且還可以利用它來協助陸軍的行動。11 月，在高加索戰區，雙方陸上作戰均無成效。但從戰爭一開始，俄國黑海艦隊就卓有成效地活動在敵海上交通線上，將土耳其艦隊封鎖於各港口之內。1853 年 11 月 30 日，在錫諾普港灣全殲土分艦隊和俘虜其指揮官鄂圖曼─帕夏。錫諾普海戰的勝利，是俄國在戰略上取得的一次重大勝利。俄國的勝利就意味英國和法國在地中海地區利益的損失，因此兩國很快參戰。俄國政府遂於 1854 年 2 月 21 日宣布與英國和法國處於戰爭狀態。

俄國被迫以 70 萬兵力與擁有約 100 萬軍隊的同盟國進行戰爭，在軍事技術裝備方面遠遠落後於西歐諸國。戰鬥在幾個戰區同時展開。1854 年 9 月 14 ─ 18 日，盟國艦隊以強大的兵力支援和掩護一支遠征部隊在克里米亞半島葉夫帕托里亞以南實施登陸。9 月 20 日與防守在阿利馬河地區的緬施科夫軍遭遇，俄軍慘遭失敗，被迫向塞瓦斯托波爾退卻。聯軍統帥部採取了

迂迴機動的方法，從南面抵近塞瓦斯托波爾城。1854 年 9 月 25 日，塞瓦斯托波爾城內宣布戒嚴，由此開始了歷時 349 天的塞瓦斯托波爾保衛戰（1854 － 1855 年）。聯軍指望以海陸兩面的猛烈炮火摧毀要塞的陸上工事，爾後一舉攻占塞瓦斯托波爾。但是，俄軍海岸炮臺的還擊使聯軍圍城火炮和艦隻受到較大損失。緬施科夫也曾組織兵力進行反擊，使戰爭處於膠著狀態。

1854 年，交戰雙方在奧地利的調停下開始進行停戰談判。俄國認為同盟國所提條件無法接受，和談於 1855 年 4 月中斷。1855 年 1 月 26 日，薩丁尼亞王國參戰，向克里米亞派去了一支 1.5 萬人的軍隊。1855 年，戰事在所有戰區持續未斷，在波羅的海交戰的雙方艦隊均未取得實際成效。

在高加索戰區，聯軍採取一系列積極行動，最後於 9 月 8 日對塞瓦斯托波爾發起總強攻，結果奪取了塞瓦斯托波爾防禦配系中的關鍵陣地馬拉霍夫崗。俄軍統帥部決定放棄城市，撤到塞瓦斯托波爾港灣北岸，將棄置的艦船全部沉沒。

1855 年底，雙方在維也納恢復談判，俄國政府被迫做出讓步。1856 年 3 月 30 日在巴黎簽訂和約，俄國被迫接受了苛刻的條件。在整個戰爭中，俄軍損失 52.2 萬餘人，土軍損失近 40 萬人，法軍損失 9.5 萬人、英軍損失 2.2 萬人。俄國為這場戰爭大約耗資約 8 億盧布，同盟國耗資約 6 億盧布。

克里米亞戰爭：俄羅斯變革的先聲

法越戰爭：
殖民主義在東南亞的擴張與衝突

　　法越戰爭發生於 1858 － 1883 年，它是法國為了向東方擴張，變越南為其殖民地，而對越南連續發動的三次侵略戰爭。戰爭的結果是法國獲取了對越南的「保護權」，整個越南最終淪為法國的殖民地。但是，戰爭也揭開了越南人民 80 年的抗法鬥爭史。

　　19 世紀 50 年代是法蘭西帝國的極盛時期，拿破崙三世統治下的第二帝國為了開闢新的市場，對外瘋狂地實行掠奪擴張政策，一面出兵突尼西亞，一面又把黑手伸向了印度支那。印度支那的越南、寮國、柬埔寨三國蘊藏有豐富的礦產資源，在亞洲南部具有重要的戰略地位，控制了越南，就可以以印度支那為跳板，入侵中國南部。於是法國利用越南國內階級矛盾尖銳複雜的有利時機，於 1847 年藉口本國傳教士被越南人殺害，在土倫（峴港）擊沉了越南的 5 艘船隻。1856 年，法國艦隊又再次炮轟土倫港，伺機挑起侵越戰爭。

　　第一次法越戰爭（1858 年－ 1862 年）。1858 年 6 月 27 日，法國海軍上將戈・德熱努伊率領法國遠征軍和西班牙聯軍 3000 多人和 14 艘戰艦，炮轟並占領了越南不設防的土倫港，拉開了法越戰爭的序幕。法國遠征軍占領土倫後，沒有馬上北進攻占

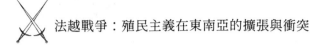

越南首都順化，而是於 1859 年 2 月 18 日沿海南下攻占了越南南部重鎮西貢。法軍認為，越南南部土地肥沃，物產豐富，海上交通發達，占領這一地區，就可控制越南南方經濟命脈，為爾後控制整個越南奠定基礎。法軍占領西貢後，除留下 1000 人駐守外，大部分兵力返回土倫。1860 年 3 月，法軍奉命退出土倫，法國因參加侵華戰爭，其遠征軍主動被調往中國戰場，在越南南部僅留下一支不足 1000 人的守備部隊，據守西貢和堤岸兩地間的築壘地域。而這時擁有 2.5 萬人的越軍卻沒有利用這一有利時機對法軍發起攻勢。侵華戰爭結束後，法國和西班牙新的遠征軍已有 8000 多人、70 多艘戰船、80 多艘運輸船、500 門火炮。於 1861 年 1 月開進西貢，在其守軍配合下重新發動進攻，至 1862 年夏，先後占領了嘉定、定祥、邊和、永隆等四省及越南南方一些城市。越南正規軍無力抗擊殖民軍入侵，但在被占領的地區廣泛開展了游擊戰，襲擊遠征軍的行軍縱隊和據點，擊沉在湄公河上活動的法國戰艦，使侵略軍不斷遭到打擊。加之侵略軍在侵占越南南方的過程中，因氣候不適和患病而大量減員，為增強作戰力量，殖民者遂採取「越南人打越南人」的策略，每占一地就強迫當地納丁組成偽軍，參加作戰或防守占領區。在法軍不斷擴大侵略的時候，越南北方發生了農民武裝起義，越南統治者害怕這場起義發展成為社會變革，力圖儘快與法國締結和約。而此時法國正準備進行墨西哥遠征，也無心在印度支那繼續擴大侵略範圍。在這種情況下，法越開始

和談。1862 年 6 月 5 日，越南代表在西貢簽署了《同法國和西班牙的友好條約》，法國獲得嘉定、定祥、邊和三省和崑崙島。越南承諾，未經法國同意不得將其領土割讓給其他國家；開放湄公河及其支流和 3 個港口供法國通商；允許基督教教士在越南境內自由傳教。此外，越南還要向法國和西班牙賠款 2000 萬法郎。

第二次法越戰爭 (1873 － 1874 年)。第一次侵越戰爭後，法殖民者進一步推行侵略擴張政策，在鞏固了對越南南部東三省控制的基礎上，又先後侵占了西三省，越南投降派代表潘清簡不戰而降，把整個交趾支那割讓給法國後，自認罪責難逃服毒自殺。為了開啟中國西南大門，法殖民者於 1873 年開始向越南北方擴張。這次，法國遠征軍吸取了在越南南部作戰的經驗教訓，企圖先以政治手腕而不是用軍事手段達到入侵越南北部的目的。遂讓法國商人讓·杜布依充當開路先鋒，進入紅河活動，製造侵占越南北方的藉口。而後以調解越南北方官員與被抓獲的法國商人之間爭執為由，派法軍弗朗西斯·加尼爾將軍率兵攻打河內。加尼爾到河內後，即按計劃聯絡人員，招募偽軍，僅三天就組織起一支 1.4 萬人的偽軍，迅速攻占了河內城堡，隨後又在紅河三角洲一帶攻城掠地，控制了越南北方的大部分重要城鎮。被占領地區的越南軍民展開了**轟轟**烈烈的游擊活動，繳獲法軍船隻，燒燬親法基督教城鎮。法軍加尼爾將軍也在 1873 年底的一次戰鬥中斃命，法軍不得不又派弗拉斯特到

北方繼續執行侵略擴張任務。在越南北部邊境地區活動的中國農民起義軍黑旗軍，與越南人民休戚與共，對法國侵略者十分痛恨，受越南政府邀請，由劉永福率領千餘人，配合越南軍民抗戰。1873 年 12 月 21 日，黑旗軍在河內近郊擊斃法國侵略軍頭目安鄴，大獲全勝。腐敗的越南統治者害怕抵抗的勝利招致法軍更大的報復，急於求和。1874 年 3 月 15 日，簽訂了第二次《西貢條約》，規定：法軍將於阮朝的統治區內維持治安；越南承認法國對交趾支那享有無可爭辯的控制權；允許法國人利用紅河作為與中國西南經商的通道。

第三次法越戰爭（1883 － 1884 年）。法國在越南的步步得逞，使其侵略擴張野心不斷膨脹。1882 年春，法軍一支 600 人的部隊不宣而戰，在 3 艘戰艦的支援下攻占了河內。至 1883 年 5 月底，法軍先後占領了紅河三角洲的一些重要戰略據點和鴻基煤礦地區。同年 5 月 19 日，中國黑旗軍再次接受越南政府邀請，在越南軍民配合下，於河內城西的紙橋伏擊法軍的一個分隊，殲敵 100 餘人，斃李威利等軍官 30 多人，迫使法軍殘部龜縮河內。法軍即以此為藉口，再次宣戰，挑起了第三次法越戰爭。8 月，法國遠征軍 4000 多人進入越南北方海岸。分兵兩路：一路沿紅河進攻黑旗軍；一路由海上進攻越南首都順化。進攻黑旗軍的法軍屢遭黑旗軍和越南軍民痛擊，損失慘重。從海上進攻越南首都順化的一支分艦隊，於 20 日占領了保護首都的屏障順安要塞。這時越南統治集團內部戰和兩派意見分歧。越王

阮福時病死後，各派爭奪王位，局勢更加惡化，最後投降派獲勝，於 8 月 25 日與法軍簽訂了《順化條約》，法國取得了對整個越南的保護權。但越南反對殖民者的武裝鬥爭並未停止，許多地區又爆發了新的游擊戰爭。為了鎮壓越南人民的武裝鬥爭，法國遠征軍被迫增至 1.7 萬人，直到 1884 年夏，才把幾個主要地區的抵抗運動暫時鎮壓了下去。6 月 6 日，法越在順化簽訂了保護條約。從此越南南圻各省淪為法國殖民地，中圻各省成為空有皇權的保護國，北圻雖在主權形式上仍歸越皇，但由法國官員管轄。保護條約使法國完成了把越南變為殖民地的法律程式。

法國殖民者歷經 27 年的侵略戰爭，最終使整個越南淪為法國的殖民地。法越戰爭是法國實行殖民政策的結果，是世界範圍內資本主義列強爭霸和搶奪市場的一個組成部分。

18 世紀下半葉，法國在北美和印度的殖民勢力被英國排擠後，越南就成了法國向東方擴張的主要目標。法國政府計劃首先占領越南，爾後以此為跳板，向遠東各國擴張。法國侵占越南採取了從南到北，跳躍式蠶食，分三次完成的。

越南在戰爭中的屢屢失利除了法軍船堅炮利外，關鍵在於越南社會落後，政治腐敗。然而，「沒有什麼比獨立、自由更可貴的了」（胡志明語）。面對法國的入侵，越南人民同仇敵愾，不畏強暴，在全國掀起了轟轟烈烈的抗法游擊戰爭，堅持抗法戰爭 80 年，直至把法國殖民者趕出了越南。

奧義戰爭：
統一義大利的戰爭與犧牲

1866 年 6 至 8 月發生的奧義戰爭，是義大利的民族解放和國家的統一，在普魯士的支援並與其結成反奧聯盟的情況下，同奧地利之間展開的戰爭。義大利雖然戰敗，但由於義大利人民群眾的革命熱情和積極支援，加之奧地利在普奧戰爭中的失敗，義大利最終還是基本上實現了民族解放和國家統一。

1859 年奧義法戰爭和 1859 － 1860 年義大利革命的結果，義大利基本上實現了統一。1861 年 3 月建立了義大利王國，薩丁國王維克多·艾曼努爾二世繼承了王位。只有羅馬和威尼斯省仍歸奧地利管轄。

1866 年 4 月，維克多·艾曼努爾二世與普魯士結成反奧聯盟。普魯士向義大利提供了 1.2 億馬克的援助，並答應幫助解決威尼斯歸還義大利王國的問題。

6 月 17 日，普奧戰爭爆發。6 月 20 日義大利參戰，奧義戰爭爆發。

義軍主力部隊 10 萬人，名義上由國王統率，實際上歸參謀長拉馬爾莫拉將軍指揮。在明喬河一線展開，於 6 月 23 日轉入進攻。在曼圖亞留有 3 萬人的強大預備隊。與此同時，恰利季尼將軍統率的一個軍約 9 萬人，從博洛尼亞和費拉拉地域向前

開進，準備對奧軍的翼側和後方實施突擊。

　　奧地利軍隊為了應付兩條戰線作戰，不得不在義大利境內組建了一支 7.8 萬人的南線軍隊，由阿爾布雷希特大公指揮，於 6 月 24 日從維羅納東南地域發起進攻，還在庫斯托查附近地區，將遭遇的義大利軍隊擊敗。拉馬爾莫拉將軍損失 1 萬餘人後，被迫撤退到克雷莫納地區。

　　恰利季尼將軍得知義軍在庫斯托查附近地區戰敗後，立即回師後撤，未能發展戰果。因為，奧地利與普魯士作戰失利，尤其是 7 月 3 日在薩多瓦附近戰敗，必須火速調兵保衛維也納。這就使義軍得以在威尼斯和蒂羅爾轉入進攻。在這期間，加里波第的部隊作戰非常出色，解放了蒂羅爾南部全境。但是，維克多・艾曼努爾二世命令他們撤退。於是，蒂羅爾再度被奧軍占領。

　　7 月 20 日，義大利海軍在利薩島附近被奧地利海軍戰敗。利薩海戰是蒸汽裝甲艦船的首次大海戰。6 月 16 日，由 11 艘裝甲船、5 艘巡航艦、3 艘炮艦組成的義大利分艦隊，在佩爾薩諾海軍上將率領下，從安利納出海，企圖用登陸的方式攻占設有防禦的工事，並作為奧地利海軍基地的利薩島（島上僅有 9 處永備工事，11 個炮兵連共 88 門火炮，守島部隊近 3000 人）。

　　7 月 18 日和 19 日，義軍對利薩島發起進攻，因組織不力，沒有掌握有關守島部隊的必要情報，遭到了奧軍的頑強抵抗。7 月 20 日拂曉，一支由 7 艘裝甲艦、7 艘炮艦、1 艘桅帆戰列艦、

5 艘巡航艦、1 艘輕巡航艦組成的奧地利艦隊，在馮‧特格特霍夫海軍少將率領下，前往支援守島部隊。奧地利軍隊突然發起攻擊，集中炮火打擊義大利海軍艦隊，但裝甲艦之間的炮戰未能奏效。於是，奧地利的旗艦「斐迪南‧馬克斯大公」號裝甲艦撞擊義大利的「義大利國王」號裝甲艦，後者連同 400 名艦員被擊沉，從而決定了這場海戰的結局。另一艘義大利軍艦「角力場」號被炮火擊中後起火，失去戰鬥力，最後爆炸。此後，義大利艦隊轉入退卻。義大利失敗的原因是偵察很差，沒有戰鬥計劃，通訊聯絡不好，佩爾薩諾海軍上將優柔寡斷，指揮失誤。但義大利海軍在利薩海戰的失敗，沒有改變已被奧普戰爭所決定了的這次奧義戰爭的結局。這次戰爭的海戰規模雖然並不很大，但是它卻以蒸汽裝甲艦船作為交戰工具的首次海戰，從而在戰史上留下了值得紀念的一頁。

8 月 10 日，奧義戰爭結束，義大利和奧地利簽訂停戰協定，1866 年 10 月 3 日於維也納簽訂和約。和約規定，奧地利把威尼斯省割讓給拿破崙第三，再由拿破崙第三將它交給義大利王國。由於人民群眾的革命熱情和積極的支援，義大利基本上實現了民族解放和統一。

電子書購買

爽讀 APP

國家圖書館出版品預行編目資料

權力與衝突，世界戰爭中血與火的歷史：秦統一六國之戰、英法百年戰爭、拉丁美洲獨立戰爭……古今東西方歷史性衝突與變革史詩 / 林之滿，蕭楓 主編 . -- 第一版 . -- 臺北市：崧燁文化事業有限公司 , 2024.03
面；　公分
POD 版
ISBN 978-626-394-049-9(平裝)
1.CST: 戰役 2.CST: 戰史
592.91　　113001743

權力與衝突，世界戰爭中血與火的歷史：秦統一六國之戰、英法百年戰爭、拉丁美洲獨立戰爭……古今東西方歷史性衝突與變革史詩

臉書

主　　編：林之滿，蕭楓
發 行 人：黃振庭
出 版 者：崧燁文化事業有限公司
發 行 者：崧燁文化事業有限公司
E - m a i l：sonbookservice@gmail.com
粉 絲 頁：https://www.facebook.com/sonbookss/
網　　址：https://sonbook.net/
地　　址：台北市中正區重慶南路一段六十一號八樓 815 室
Rm. 815, 8F., No.61, Sec. 1, Chongqing S. Rd., Zhongzheng Dist., Taipei City 100, Taiwan
電　　話：(02) 2370-3310　　傳　　真：(02) 2388-1990
印　　刷：京峯數位服務有限公司
律師顧問：廣華律師事務所 張珮琦律師

定　　價：375 元
發行日期：2024 年 03 月第一版
◎本書以 POD 印製
Design Assets from Freepik.com